伊丽莎白·波特赞姆巴克

ELIZABETH DE PORTZAMPARC

建筑设计作品集

[法] 伊丽莎白·波特赞姆巴克 (Elizabeth de Portzamparc) / 编著　　贺艳飞 / 译

伊丽莎白·波特赞姆巴克
ELIZABETH DE PORTZAMPARC
建筑设计作品集

广西师范大学出版社
·桂林·

images
Publishing

图书在版编目(CIP)数据

伊丽莎白·波特赞姆巴克建筑设计作品集／(法)伊丽莎白·波特赞姆巴克编著；贺艳飞译 .—桂林：广西师范大学出版社 ,2019.1

(著名建筑事务所系列)

ISBN 978-7-5598-1254-4

Ⅰ.①伊… Ⅱ.①伊… ②贺… Ⅲ.①建筑设计－作品集－法国－现代 Ⅳ.① TU206

中国版本图书馆 CIP 数据核字 (2018)第 234204 号

出 品 人：刘广汉

责任编辑：肖　莉

助理编辑：季　慧

版式设计：吴　茜

广西师范大学出版社出版发行

(广西桂林市五里店路 9 号　　邮政编码：541004)

(网址：http://www.bbtpress.com)

出版人：张艺兵

全国新华书店经销

销售热线：021-65200318　021-31260822-898

恒美印务（广州）有限公司印刷

(广州市南沙区环市大道南路 334 号　　邮政编码：511458)

开本：635mm×965mm　　1/8

印张：32　　　　　　字数：260 千字

2019 年 1 月第 1 版　　　2019 年 1 月第 1 次印刷

定价：268.00 元

CONTENTS 目录

巧妙的平衡

菲利普·朱迪迪欧

当代建筑，特别是顶尖建筑，仍然是以男性为主导的世界。尽管女性中也有像日本的妹岛和世以及墨西哥的塔提阿娜·毕尔堡那样的著名设计师，但女性想要设计和建造重要建筑或基础设施系统仍然困难重重。伊丽莎白·波特赞姆巴克在其所生活的法国和祖国巴西，不仅游离于这条普遍规则之外，且从其背景看，她也是个例外。

伊丽莎白出生于里约热内卢，很早便开始与父母的朋友们打交道，其中包括奥斯卡·尼迈耶和画家伊贝尔·卡马戈。她在年少时期受到了塞尔吉奥·伯纳德和丽娜·柏·巴蒂的影响，开始创造概念艺术。她在少女时期前往法国，并在那里学习人类学、城市社会学（巴黎第五大学）和区域规划（巴黎第一大学的经济和社会发展研究学院）。她对巴黎的郊区及其"新城市"尤其感兴趣，在1977年和1978年对安东尼区以及其他街区和次街区进行了研究。她的研究对当时该区的公共规划政策具有显著的影响。1980年，她取得了在法国教授建筑学的资格证，并于1984—1988年期间在塞纳河谷巴黎国家高等建筑学院（巴黎第九大学）执教。20世纪80年代初，她还承接了法国政府的地方民主和城市开发研究项目。

她积极参与城市开发项目，但这并未妨碍她将触角伸到其他领域。1986年，她在巴黎建立了一家名为莫斯特拉的规模小影响却大的画廊。她与众多艺术家、设计师和建筑师合作，如让·努维尔、雷姆·库哈斯、克里斯汀·波特

赞姆巴克、弗朗瓦索·鲁昂、皮埃尔·布拉格利奥、矶崎新、贝尔纳·维勒和彼得·克拉森。这家画廊经常举办主题展会，参与者对当时的建筑师、艺术家和当代家具设计师的创作方法提出了质疑。同时，伊丽莎白·波特赞姆巴克开始设计一些重要的物件，比如她的24小时办公桌（1985），曾在东京西武和卡地亚当代艺术基金会展出，并在1989年为巴黎国家当代艺术基金会购买。1987年，她建立了自己的建筑工作室。

1981年，伊丽莎白·波特赞姆巴克遇见了丈夫克里斯汀·波特赞姆巴克，但她早在丈夫荣获1994年普利策奖之前就已经开始了属于自己的职业设计生涯。特别值得一提的是，她因对城市开发、设计、艺术和建筑的广泛兴趣而在法国崭露头角，实际上在其他很多国家，她也比较惹人注目。这对夫妻合作参与了很多工程，包括柏林的法国大使馆和本书发布的其他许多项目。本书收录的伊丽莎白·波特赞姆巴克作品清晰地展示了她独有的设计方法和方向。

自20世纪80年代末起，伊丽莎白·波特赞姆巴克开始逐步承接更重要的项目，经常与更加著名的建筑师竞争并获胜。1989年，她赢得了法国国民议会信息中心项目；1992年，赢得了韩国国家博物馆设计项目；1995年，赢得法国雷恩的布列塔尼博物馆项目。在布列塔尼博物馆项目中，她成功地将其对城市问题的敏感认知与博物馆设计的复杂性结合了起来。该项目包括类似城市街道的

展品，其中以"各种建筑"代表不同时期，用一条"隧道"代表世界战争。布列塔尼博物馆的设计保留了开放和灵活的空间，以便未来技术的更新换代。伊丽莎白·波特赞姆巴克在建筑生涯的极早时期便展示出了对城市问题的敏锐感知和创造真正灵活的空间的能力。

她的努力在1997年再次获得了回报：她在波尔多城市轻轨交通网络的车站和城市景观装置设计大赛中再次获胜。在这个项目中，她将自己在家具和物件设计方面的经验与其对这座城市、不同街区的要求的认知结合了起来。她的巧妙设计既为电车轨道创造了一个统一的标志，也为城市创造了一个统一的标志。她设计的透明开放车站不会在城市中构成实际障碍，不同于可能造成这种后果的其他竞争设计方案。伊丽莎白·波特赞姆巴克后来又承接了2017年竣工的尼姆罗马文化博物馆、奥贝维利埃的大型文献图书馆和作为大巴黎铁路系统的一部分的布尔歇火车站等重要项目，再次证明了自己的能力。有人说，无论是在法国还是在其他地方，设计火车站的女性极其少见。在尼姆、奥贝维利埃和布尔歇，波特赞姆巴克展示了她对相关现场及其用途的全面认识。这些绝对是独一无二的当代建筑作品。它们与现场和环境融为一体，为用户提供了最大程度的舒适度。它们显然是她在从建筑和设计到社会学和城市开发等众多领域所接受的教育，以及积累的工作经验的结晶。奥贝维利埃项目的设计，如同伊丽莎白·波特赞姆巴克承接的众多其他项目，具有重叠的量体，旨在给人留下体态

轻盈的印象，同时又构建光线充足的室内空间或图书馆使用者喜爱的花园。在尼姆项目中，伊丽莎白运用轻盈设计和旁边罗马剧院沉重设计的对比，创造了一条城市街道，吸引访客进入博物馆或大胆深入花园。罗马文化博物馆并不是孤立的，相反，它在一个拥有2000年有文字记录的历史的尘世中建立了一种过去与现在的联系。

伊丽莎白·波特赞姆巴克的作品也未局限于法国。她的一些重复主题，包括自然和城市中的建筑和环境之间的对话，以及她对自称为"完全灵活"地利用空间的坚持，都在她承接的国际项目中可见，如摩洛哥首都拉巴特的绿洲大厦或美国迈阿密的花园大厦。在这两个项目中，她充分考虑了当地条件，包括摩洛哥的文化和迈阿密的多风气候。这些建筑时髦、节能、灵活且扎根于所在现场。

正如本书所说，伊丽莎白·波特赞姆巴克一心致力于通过自己的作品最大程度地改变城市环境，这部分应归因于她的巴西血统以及在巴黎的生活经验。她写道："我认为创造城市和社会链接是我的作品的基本主题。我的最新作品，也就是即将在中国台湾修建的台中大厦，可以说是我在该领域长达30年实践经验的结晶。实际上，我的先期的室内项目和博物馆设计专注于让室内空间成为城市本身的一部分。这种城市共存的观点及其诠释在台中大厦中表现得更加鲜明。台中大厦将成为一个名副其实的垂直街区，在那里，公共空间进入大厦，同时进入的还有小型广场

和垂直街道。我可以很骄傲地说，它将成为首座第四代大厦。"

她还展示了对几乎无处不在的由业主施加在建筑师身上的成本问题的敏感，并寻找创新方法以抵御让其他建筑变得普通和无趣的力量。她在这个过程中尤其注重利用自己对空间和结构的敏感认知。这一点充分表现在她的无数综合功能设计上，以及她在处理低成本问题甚至是预制应急居所问题的过程中。可能是因为她早期曾在巴黎地区开展过住房问题研究调查，对那些生活不太宽裕或者穷困的人特别敏感。

这本专著收录了范围广泛的项目，其中有的未建，有的在建，这些项目为伊丽莎白·波特赞姆巴克站上当代法国建筑的前沿奠定了坚实的基础，但她的跨国背景和为其他国家创作的设计作品也为她在更大的"明星"建筑舞台上提供了助力。

巴西远远超出了许多西方观察者对它的认识，它在很大程度上算得上拥有现代建筑、设计和艺术的大国之一。尼迈耶和其他建筑师并非勒·柯布西耶的追随者，而是创造新现代世界的领导者，这一点可能在巴西利亚表现得最为明显。里约是伊丽莎白·波特赞姆巴克的出生地。她在这里设计了未建的格罗利亚码头，其中包括城市文化中心、码头和公园，改造了原本由伟人罗伯特·布勒·马克思设计的一座公园。她没有选择在这个敏感的地方以直接的方式表达自己，相反，她在景观中插入了新设施，避免妨碍瓜纳巴拉湾和休格洛夫山的风景。尽管伊丽莎白·波特赞姆巴克创建了灵活的新空间，但其设计却保留了公园和场地原有的属性。灵活性是她设计的典型特征。

很多设计师展示出了设计既定规模的建筑能力——如设计私人住宅。但即便是那些掌握了某种建筑特点的设计师也远不能确定是否能在更大（或更小）规模的设计上获得成功。伊丽莎白·波特赞姆巴克设计了各种规模的东西，既有她经常佩戴的特别的支承环式的首饰，也有综合功能大厦和火车站。不知何故，就像她的戒指总能适合她的手指，她精心研究的建筑也总能融入它们的所在地，成为其中的一部分。有关地方性的理论在现代建筑中多如牛毛，但大多数时候，这些观点只是简单地提及地方和历史。伊丽莎白·波特赞姆巴克在建筑、自然和地点之间找到了平衡点，就像她在尼姆项目上所做的那样，她甚至大胆地构建与历史的对比。比如，她没有创造出一座现代版的罗马神殿，反而用轻盈来暗示其现代性，与剧场的古老石材构成鲜明的对比。这绝对不是空白的现代性——它更是开放和包容的现代性，它甚至在城市环境中包容历史和自然。尼姆的罗马建筑一般建立在重要的城市轴线上，因此，波特赞姆巴克创造了一个半开放走廊，该走廊通向一个考古花园，更加清晰地显示了一条罗马轴线——将这座古城的其他遗址和剧场连接起来。

伊丽莎白·波特赞姆巴克的室内设计，如柏林法国大使馆，再次表现了她巧妙利用空间的能力。在该项目中，她与一些艺术家进行了密切合作。她提议把这座新大使馆设计成法国的创意"陈列柜"。伊丽莎白·波特赞姆巴克因此在选择艺术家和展示作品中扮演了一个领导角色，并确保她的室内设计融入了这些元素。她的家具既舒适又现代，往往因出人意料的材料或颜色的使用而更显得别出心裁。就像家具和室内设计本身，她所选的颜色永远协调、柔和——它们令人感到舒适愉悦，同时仍然显示出设计师的用心和一致的概念。与荣获普利策奖的丈夫合作当然并非总是一件容易的事，但在柏林项目上，就像其他项目一样，她成功地找到了平衡点，因而她的作品在融入建筑时，仍然保留了极具个性的创意。

闯入通常为男性主导的世界如公共设施设计和建设，伊丽莎白·波特赞姆巴克不仅展示了她的斗志，而且展示了她给予自己的思想一种完全属于她自己的"坚韧"力。她将建筑不仅仅视为高大的块体，这种看法揭露了生态和灵活性等极具现代性的问题。她的建筑不是强加到环境中，而是融入到环境中，它们伸出手热情地欢迎用户和公众进入。因此，她的空间里充满了阳光和空气——它们不是封闭的，相反，是与外界联系的城市空间。伊丽莎白·波特赞姆巴克以其特别的跨文化背景和敏锐的感知力，创造了自己的风格——一种不怎么正式的风格——因为其作品的外观总是随着功能和建筑现场的变化而变化，却总是功能性的。她在对功能的尊重以及对将建筑融入环境的不同形式的探索中，不会忽视特定的感官享受。但她的建筑并非过于世俗的建筑，也没有体现出任何夸张的和可能无用的姿态——它们绝对是现代的，因而大多不加装饰，采用闪闪发光的材料。

伊丽莎白·波特赞姆巴克

"事物之美在于其随着时间流逝而逐渐揭露的真实。"

"人类在互动中创造了形成社会的智慧。这在新石器时代人类建造的村庄中就已经显而易见，因为早在大约12 000年前，人们就已经开始集群而居。更加紧密的人际关系促进了贸易和集体智慧的发展，因而为人类文明的诞生创造了极其肥沃的土壤，比如文字、灌溉、轮子和柱子等。

今天，虚拟人际互动的速度正在以指数级增长发展，并呈现出多样化特性。我们有责任确保人类智慧不会因为交流的速度而被抹除；不会面临不断发展的人工智能以及因为泛滥的个人主义而日渐贫乏的社会背景；不会因为与社会现实脱节，以及受到脱离人类掌控的算法制约的系统性财政转移而消失。人工智能必须成为防范这些危险的壁垒。

空间，特别是公共空间，成为人类互动的载体，是建立能够采取行动的不同思想群体的载体。因为建筑总是某个时期的思想和价值观的物质表现，所以我们的项目总是包括大量会议和聚会空间。建筑由开放、灵活和可变化空间构成，这些空间成为人类和自然，以及人类和人类之间的最好媒介，因此人类之间的潜在互动总是最受关注，是通向社会转型的通道。"

——伊丽莎白·波特赞姆巴克
法国科学院，2016年11月26日

探索我们的社会观点的构成部分，并展示灵活性，是我们塑造世界并置身其中的重要部分。

我从我的祖国巴西带来了许多行李，巨大的箱子里盛满了一个习惯了舒适生活的女孩做不到无情地转身离开那些未过上舒适生活的人们的矛盾。就像一个意识到了自己在建设国家过程中所扮演的角色的老精英[1]，根据葛兰西的训诫，会"因智慧而悲观，但却因意志而乐观"。我从祖国带来了因阶级意识而产生的忧虑，这让我充满了责任感；我还带来了巴西音乐中的欢快诗意，我将它融入我的设计。

如果一个人在小时候便认识到了巴西社会所存在的巨大社会不平等，他绝对不可能无动于衷地离开。我渴望了解和处理这些问题，这促使我最初选择在大学学习经济学和社会学，因为我认为它们是寻找最有效的解决方案的最合适的工具。因此，我来到了法国学习。

我很幸运地得到了数不胜数的学习机会，哲学家亨利·列斐伏尔组织的以"城市权利"为主题的辩论对我产生了深刻的影响。后来对物理学基本概念——感谢物理学家菲杰弗·卡帕，以及道学宇宙万物联系的发现对我而言是真正的启示，扩展了我的世界观。

"宇宙看似一张由相互联系的万物构成的动态网。这张网的任何部分的任何特征都不是基本的。它们与其他部分都具有共性，它们之间相互联系的统一性决定了整张网的结构。"

——《物理学之道》，菲杰弗·卡帕

自职业初期起，这种观点就形成了我的思想支柱。这种连接和联系的概念相互促进，为我采取行动和改变社会的想法提供了动力。这种思想自然地表现在开放、慷慨、团结和社区的概念中。它拒绝诸如封闭、障碍和个人主义的术语。事实证明，建筑在这方面前途昏暗：作为城市规划者和建筑师，我们有责任通过创造合适的空间结构来促进社会价值观的形成。

这是我一直在自己的作品中不断发展的重复性主题，在一定程度上代表了作品的主线。我致力于通过各种方式系统性地发展这个主题：通过面向城市的常见洞口及与之相关的联系；通过融入我设计的公共设施的"城市"方案；甚至通过为《法国世界报》日报及其他媒体设计的集体生活空间。我更加坚定地在大规模项目，如迈阿密巴涅奥莱市的大厦、台中大厦、台湾情报指挥中心以及圣丹尼的普莱耶尔大厦（巴黎北火车站）中，完善这个主题。

让我们更加仔细地观看大厦主题。在我看来，大厦是当代建筑和城市主义的象征。大规模办公和公寓大楼以及过去已建或目前在建的大厦否定了城市。我们能够开心地想象城市中出现一片占地几万平方米，完全向内、高筑围墙、闭门自守，简而言之，与城市没有任何联系的空间吗？

设计大型建筑或大厦并不仅仅涉及美学问题，更非只与高度相关。这点对任何规模的建筑特别是对大厦而言非常重要。因此，我建议大家阅读一些针对性读物，了解其形态的发展历史、它们存在的原因以及在自己看来如何表现我们必须遵循的原则。

第四代前卫大厦的主要特征在于其开放性、其与环境的融合。大厦不再是城市生活的中断，不是城市的插曲，而是城市的延伸。

对开放性的渴望首先是通过大厦的底部和较低楼层实现的，这些地方属于公共空间，因为它们与相邻建筑和城市连接。我们认识到了创造城市平台以安置设施或其他城市功能的关联性，但不应囿于城市平台思想，有必要将上部楼层也设计成一个有着更加活跃的社会生活的载体，利用不同空间和不同楼层之间的众多连接，增加相遇的机会。

因此，我们应根据公共空间的模式创造各种规格的室内广场，同时用真正的室内街道将它们从竖向和横向连接起来。这些室内广场具有与城市规模的广场相同的角色，既有公共广场，也有私人广场，它们都是在建筑核心对城市的一种诠释。换句话说，就像街区和次街区一样，它们是垂直城市的一个不可或缺的部分。这种模式允许我们清除城市和建筑之间的障碍，实现公共—私人边界处更加漂亮的渐变，甚至以一种有点乌托邦式的方法完全溶解这种渐变。

另一个重要的思想也影响了我的建筑实践：长期。建筑和城市规划具有极长的生命周期，这点与流行或消费商品完全不同。我们为现在和未来而建，为数百年而不是二十年甚至是十年而建！建筑师必须理所当然地将其工作融入这个不断发展的世界。

因此，可逆性是建筑的一个重要主题，就如同目的、用途以及对已建环境、景观和气候的适应性一样。一座建筑必须面向现在和未来，无论它处于什么环境。采用整体分析的方法处理所有这些参数，同时对抗目前盛行的短暂潮流和对当前时刻的全神贯注，建筑就能逃脱被废弃的命运。在建造未来过程中，了解人类的角色并将其视为塑造世界过程中的一个小环节是驱使我行动的动力。思考每个时代所产生的争议，增加我自己的渺小贡献，是我一贯所采用的方法。设计建筑及其与地区气候和当地文化景观、城市环境和居民之间，或者笼统地说与生活之间的整体关系，是这种思考的逻辑结论。我因此将建筑设计成代表这些价值观的建筑符号。

如要定位自己的活动，一部分可以通过对当前建筑进行了解，一部分可以通过对未来建筑进行预期，但我认为从不同层面——道德和美学、工业和技术、经济和政治、环境和生态——理解建筑与世界的关系并时刻铭记创造本身的最终结果尤为重要。这也是为什么我在自己的事务所内建立一个小实验室的原因，这样做的目的是为了网罗来自建筑界和其他专业如社会学和政治科学的博学多才之人。在

我看来，这些都是对由主流经济带来的毁灭性后果提出的重大挑战的有效应对。

鉴于人类文明目前面临的主要危机，一种强大的集体意识将在世界各地激起各种各样的行动和反应。我们中的大多数希望提出实用、适宜的建筑方案来解决数不胜数的当代问题。尽管面临无数困难，但我将自己的项目导向这个方向，与我的团队一起探索解决方案，以支持多样化、灵活性、形式和材料简化、预先制造、可承受建设以及社区生活空间的创造，促进各种形式的社会生活的发展以及创新项目的出现。

总而言之，我认为这些在社会和环境方面都具有创新的建筑实践预示着一种运动的诞生，我称之为"新建筑"。这个术语不是指回归现代主义教条。它强调并包容各种具有一个共同特征的方案：寻找应对当前文明面临的社会和能源危机带来的挑战的建筑方案。

由于我们在解决此类社会问题方面缺乏方法和经验，我认为制定一些规则来指导自己的建筑设计非常重要。而从以雷蒙德·凯诺及其潜在文学工厂确立的被称为乌利波的创造性设计条件为基础的方法可以看出，严谨需要创新。

我因此定义了十个重要的主题，确定了构成我的新建筑（一种致力于建造真正可持续社会的建筑）观点的参数。这些主题反映了我就建筑本身的最终目的——服务人类和社会——所提出的基本问题的各个方面。因此，将这种建筑目的表达成"在人类与环境的关系中服务人类"可能会更加合适。

1. 通过建筑的纯粹、严谨简化形式和材料。对简单和凝聚的探索必然提升审美趣味，同时避免近期建筑的过多形式主义而造成的原材料的浪费。

2. 通过灵活性、可逆性和适应性规划的空间将建筑融入更长的生命周期，避免建筑过时，从而使得空间可以根据时间和功能的变化而重新定义和重新划分。

3. 通过将建筑融入气候和正式环境，无论是否完全融入，或与现场建立真正的对话，都要保护一个地方的特性。

4. 将城市和建筑可持续性融入自然的周期模式，并适应循环经济，而循环经济有助于实现当地的能源自治，促进当地生产和消费。

5. 对预制建设进行研究和试验，将其视为一种快速解决方案，以应对普遍住房短缺问题，特别是因各种难民——经济、政治、宗教以及最新的气候难民的数量激增而出现的住房短缺问题。

6. 寻找可持续的、可回收的、当地生产的材料，根据特定文化考虑传统建筑技术，同时拒绝通用元素，因为通用元素一般是建筑材料和技术的工业化所带来的潜在结果。

7. 自建实验项目，以保护那些在原地受到驱逐威胁的人们，并改善弱势群体的生活条件。

8. 城市可持续性必然与社会问题相关。可持续性是一场反对社会不平等的战争，通过引进城市系统，避免各种形式的不可持续性和排外性。这些实践还必须促进共享连接和空间的创建：基本的街区单元、"次街区"、各种等级空间等。

9. 建筑内室内社区空间的创建：建立中庭、城市步道、室内街道和室内空间的紧密等级秩序，允许在建筑核心容纳生活与居住功能。

10. 通过完全融合各种功能和主题，以及创造交叠的公共和私人空间来消除隔阂，以各种关系、连接以及入口为基础创建整体建筑。

除了自建之外，这一系列主题还具有一个共同特征，也就是发展中国家的现实情况。因为在发达国家，自建实践在很久之前就已经为建筑工业取代。

在我自己的工作室里，我们自2004年以来就一直致力于从建筑和城市规模来设计符合这些原则的项目，并同时探索这两种规模，以创造真正适合居民的城市或住房。

不像我在这里所做的这样，实际列出一张正式的名单，很多设计师已经开始遵循这些规则。他们试图寻找应对未来社会和环境挑战的解决方案，并将重点放在全人类的共同利益上，无论社会阶层。

从这方面看，这十大主题的广泛应用和普遍遵守有利于恢复建筑和城市规划的基本原则，因为这个原则在这个后工业时代的曙光中被忽略了，它指的是创造长久的空间，珍藏建立社区的价值观。这种新建筑必须反对几十年来对弱势群体、地方特性以及延伸的社区生活的轻视。建筑将再次成为解释和支持人类生活以及地方生态系统的主要元素，并因此而从实际意义上和象征意义上将可持续性融入世界。

作为担负社会责任的建筑师，我们必须不断提供解决当前主要问题的实用方案，同时立足于建筑的实际体量之外，构建一个有实质的、真正诗意的存在。

"榜样并非影响其他事物的主要事物，它是唯一的事物。"

"创造你期待在这个世界看到的改变。"

——圣雄甘地

---

1 在巴西目前的政治和经济情形下，这些精英正在逐渐消失。

城市规划与建筑设计

我来自一个由预应力混凝土构成，以轻盈为主导的现代城市。我的美学特点主要包括取缔装饰，富有20世纪60年代巴西建筑的那种正式、纯粹和精美。我的世界观促使我尊重人类文化和地方文化，同时也赋予我一种责任感，去重视城市主义和建筑项目、功能、地方和空间的实践、居民占用它们的可能性以及促进人们互动的空间概念。它是各种链接的城市化。

鉴于我们的城市当前面临社会关系的分崩离析以及社会和自然环境破坏，我将建筑项目想象成避免社区生活和地方文化的大规模和全球性崩溃的壁垒，试图寻找新的解决方案，从城市和建筑层面将破碎的社会空间和链接重新编织起来。功能的概念、借助空间流动和对城市开放形成的去隔离以及创造互动空间强调社区生活是我创造以下项目的引导力量：韩国国家博物馆（1994）、布列塔尼博物馆（1995）、魁北克大图书馆（2000）、柏林的法国大使馆（1997）、人民联邦银行总部（2005）和法国《世界报》总部（2004）。它们还为我最近承接的大型基础设施项目提供了灵感，包括尼姆罗马文化博物馆、作为大巴黎基础设施项目的一个标志性部分的布尔歇车站以及奥贝维利埃的生物气候学大型文献图书馆。

博物馆和图书馆的功能在不断变化。但它们的主要功能仍然是以遗产的形式作为"文化的捍卫者"，它们是一种静态的基础。然而，藏品展示以及书籍借阅的方式正在揭开神秘的面纱。今天，它们向城市开放，期待在访问者之间创造互动联系。我对这种设施的构想一直遵循这些前提。

从形式层面上，努力创造动态线条是我的作品自职业初期以来不变的特征，这可能源于巴西音乐中缥缈和流动的诗意。

我在几个项目中追求并发展了分离量体的原则，项目包括大进行曲餐馆、人民联邦银行总部、《世界报》总部、里约会展中心、卡萨·雅尔丁宅邸等。此外，我还在一些最新设计项目中强调了体量之间的相互作用，这些项目包括弗洛里亚诺波利斯的法国文化中心、凯悦酒店大厦——卡萨布兰卡竞技场、荣耀码头和布尔歇车站等。

我最初产生的兴趣后来在两大巴西项目中得到进一步加强。第一个是为弗洛里亚诺波利斯的法国文化中心设计的正能量建筑，我在该项目中创造了一系列空间布局，以达到既定的社会和可持续性目标。我将向相邻区域的弱势群体开放的规划性元素融入这个原本面向访问法语联盟的精英群体的设计。2009年，我有幸受邀参与SESC组织的一次设计竞赛。SESC是巴西一个堪称楷模的社会文化、医疗和运动组织，因由丽娜·柏·巴蒂设计的SESC庞培亚综合设施而闻名于世和建筑师群体。这座真正的城市向所有人开放，拥有高质量社会设施，特别吸引来自各个社会阶层的人们去体验那里的艺术、剧院、电影和其他文化设施。

自那时起，我一直从这些普遍原则上吸取灵感设计自己的项目，我设计对生态和社会环境完全开放的建筑项目。我努力使其所有元素为每个人带来益处，使其成为充满活力的社会中心，对当地带来积极的社会和城市影响。如今回顾自己的工作，我能清楚地分辨出这些项目在什么地方以及如何在过去这些年里引导我设计——可能是有意识的，也可能是无意识的。

伊丽莎白·波特赞姆巴克

URBAN PLANNING
城市规划

波尔多轻轨

伊丽莎白·波特赞姆巴克为波尔多轻轨车站设计了"透视图"和城市景观装置。设计的每个元素都是一个正式系统的一部分，而该系统旨在为一个连接波尔多和相邻六座城市，总计达44.6千米长的交通网络构建一个一眼即可辨别的视觉标志。装饰或其他任何"无用"的元素都被取消，城市景观装置应用严谨、强大的美学，同时又不失柔和或趣味。整个结构以透明、轻盈和严谨为基础，避免在城市中创造结构或视觉障碍，同时强调自身的存在。

车站及其景观装置与其插入的所有不同类型的城市环境建立了一种对话，包括旧街区和现代街区、居民区和大部分景观化区域。车站和城市景观装置以一种结构化的方式融入环境，且不与现有元素发生冲突。相反，在距离市中心较远的区域，车站的位置更加鲜明，在构建现有城市环境中发挥作用。

该项目的审美要求建筑师对这些波尔多历史纪念碑负责，比如在城市里具有重要象征意义的地方——勃艮第门修建车站。这些车站实际上成为日常生活的一部分，比如被年轻人用作约会地点。透明和统一的设计方案，与改变城市网络相比，这条轻轨更胜在其本身在建成、融入环境后成为一个将波尔多不同城区联成一体的元素。

地点 / 法国，波尔多
时间 / 1998—2013（竞标获胜项目）
业主 / 波尔多城市社区
项目 / 设计波尔多轻轨线路的车站和城市景观装置
长度 / 44.6千米，130个车站
摄影 / 2P-伊丽莎白·波特赞姆巴克建筑事务所，尼古拉斯·伯雷尔

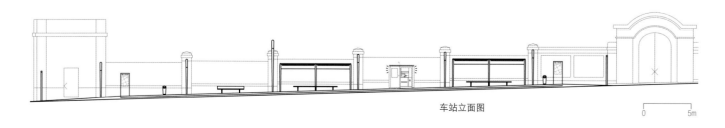

车站立面图　　　　　　　　　0　　　5m

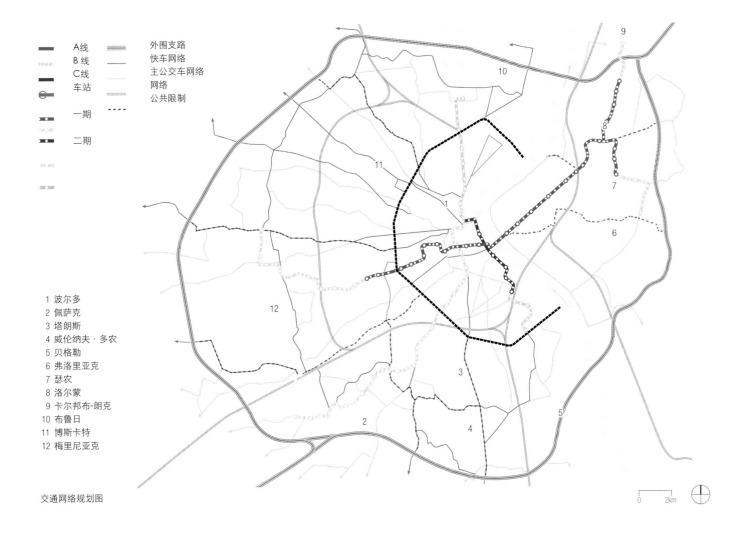

A线
B 线
C线
车站

一期

二期

外围支路
快车网络
主公交车网络
网络
公共限制

交通网络规划图

0　2km

0　　　　　　　　　1m

魁北克大图书馆

除了作为研发场所外，克里斯汀·波特赞姆巴克负责的魁北克大图书馆项目还提议彰显该机构在蒙特利尔的现有公共空间中的重要地位。一个高高的玻璃外壳允许足够的自然光线进入这座综合设施，而其中的四个大型封闭体量则是为该项目将要承办的各种活动提供的。上方光线充足的平台为学生、研究员和其他访客进行阅读提供了理想的地点。

伊丽莎白和克里斯汀·波特赞姆巴克合作在图书馆和其特定的城市环境之间建立了联系。伊丽莎白·波特赞姆巴克设计的这条室内城市步道实际上是这个大项目中的一个小项目。她在两层楼里设计了一条200米长的双层有顶步道。该步道从地铁站附近的地下开始，往上延伸至街面，然后继续沿着人行道延伸100米。因为需要将图书馆与双层城市网络（街道和地铁）连接起来，所以有必要修建两个接待区，从那里人们可以看到所有的这些空间。一个大型、透亮的接待处和问询台展示了这座图书馆的新形象。

伊丽莎白·波特赞姆巴克将这座图书馆想象成一座真正的功能性广场，一个社交和活动的舞台。她将接待空间扩展成一个宽敞的中央广场，将城市全景纳入视野。在有顶室内空间和开放外部空间之间，该项目能在寒冷的冬季提供一处公共、明亮且具有供热或空调设施、永久开放的过渡空间，该空间就像邀请人们入内的邀请函。该公共空间借助建筑巩固了其与城市一致的视觉形象。透明的玻璃和室内地板一直延续到室外，与灯具和城市景观装置一道热情地邀请人们进入建筑。地下和街面以及室外和室内的反差因此而被抹除。

在这座未来图书馆中，伊丽莎白·波特赞姆巴克构想了一个大型明亮的地下区域，里面生机勃勃且与地铁的现有公共空间相连，因为地铁的公共空间更加黑暗且往往拥挤不堪。

地点 / 加拿大，魁北克，蒙特利尔
时间 / 2000
业主 / 蒙特利尔市
项目 / 魁北克大图书馆城市步道
面积 / 37 000平方米
摄影 / 2P-伊丽莎白·波特赞姆巴克建筑事务所，尼古拉斯·伯雷尔

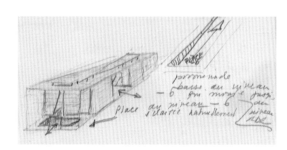

手绘图

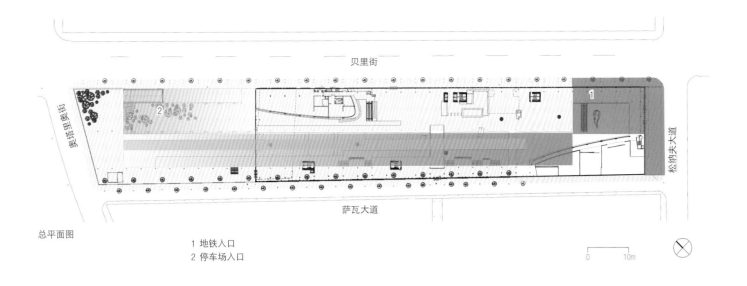

总平面图

1 地铁入口
2 停车场入口

0   10m

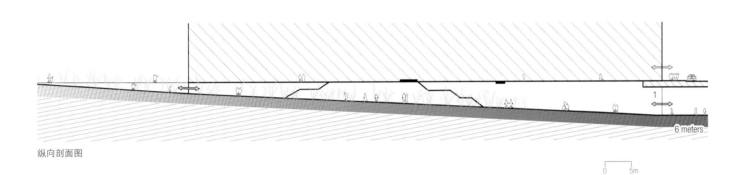

纵向剖面图

6 meters

0   5m

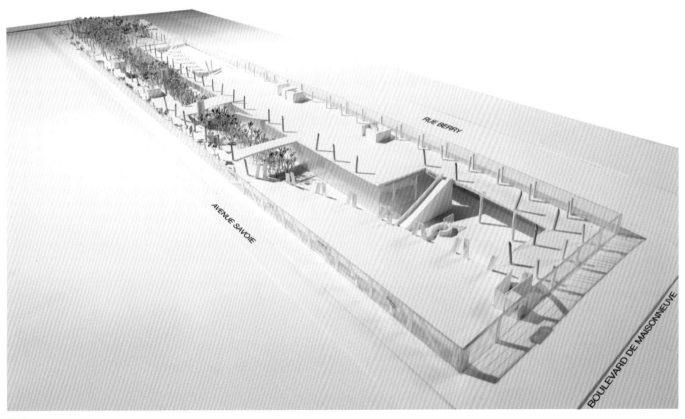

模型

摩纳哥滨海区
扩建工程

摩纳哥人口和建筑密集，因而不得不反复采用填海造陆的方案。正是在这种背景下，摩纳哥公国举办了一场设计邀请赛，以在这座城市的海湾创建一片离岸陆地。一支由普利策奖获得者克里斯汀·波特赞姆巴克、雷姆·库哈斯和弗兰克·盖里与伊丽莎白·波特赞姆巴克构成的著名团队参与了此次竞赛。

伊丽莎白·波特赞姆巴克的工作室负责创造一个包括防护墙和一座面积达20 000平方米的综合住宅楼的码头，以及另外两座面积达3300平方米的特殊建筑结构。她受邀设计包括广场、城市步道的公共空间、地下结构标识系统，以及城市照明透视图。她还负责研究新材料、交通、新无污染联合运输系统，以及一套用于保护环境和重新构建水陆动植物系统的新设施。

港口建筑由一系列非常严谨的小型建筑构成。这些建筑采用新月形布局，终点处是三座更高、线条更加鲜明的大型建筑。保护海港免受海洋侵蚀的建筑构想使得这些建筑在该项目中异常瞩目，其目的是为摩纳哥创造一个现代、雅致的新滨海区。海岸的海堤允许沿着海滨区修建不短于4千米的面向公众开放的步道。该项目完全契合摩纳哥的光辉形象，并沿海增建了宝贵的公共和私人空间。

地点 ／ 摩纳哥公国
时间 ／ 2007
业主 ／ S. A. M. Foncière Maritime（萨米奇及 J. B. 帕斯特）
项目 ／ 在摩纳哥海岸建造新的垃圾填埋场；研究多样化城市项目所需的基础设施和上层建筑；进行区域规划和建筑构筑
面积 ／ 275 000平方米（建筑）
摄影 ／ 2P-伊丽莎白·波特赞姆巴克建筑事务所

模型

总平面图

0   100m

剖面图

维勒瑞夫城堡

该项目位于巴黎南郊，旨在巩固维勒瑞夫地区在医疗保健方面的盛名，并成为巴黎著名的奥特·布吕伊埃雷公园附近的绿色建筑代表。该城堡项目坐落在建筑师维欧勒·勒·杜克在1870年设计的堡垒之上，毗邻古斯塔夫鲁西研究所癌症治疗医院，旨在成为该城区的象征——以人们之间的联系和互动为基础的城市设计的代表。

该项目重建了现场和所在区域的链接，清除了所有实际障碍。阳光从南面射入该项目的核心及中心区域，而来自相邻大型公路A6的噪音也被完全隔绝在外。该项目彰显了自身的美丽，各种各样的公共空间也是如此，能够促进各种类型的社会互动。

城堡本身是巴黎的一部分，向所有人开放，是毗邻维勒瑞夫大巴黎快轨车站的城区的一个象征。维勒瑞夫轻轨站是贯穿大巴黎区的新轻轨线的主要站点之一。该项目在用户和自然、建筑景观和城市规划之间建立了直接联系，如同伊丽莎白·波特赞姆巴克设计的其他作品——建筑服务人类。该项目旨在促使那些将挤满这些空间的人们发挥创造力。

地点 / 法国，巴黎
时间 / 2017（竞标）
业主 / Inventons-la-Métropole/Linkcity
项目 / 改建前乐都特军事堡垒，修建一座四星级酒店、多座实验室、学生住宅、零售商店、保健中心、会议中心、停车场，并进行室外空间（广场和景观步道）的景观设计
面积 / 竞标设计范围20 855平方米，包括实验室5963平方米、酒店4561平方米、保健中心1600平方米、会议中心1745平方米、零售商店820平方米、学生住宅6166平方米、大学校区（非竞标设计范围）22 000平方米
摄影 / 2P-伊丽莎白·波特赞姆巴克建筑事务所

手绘图

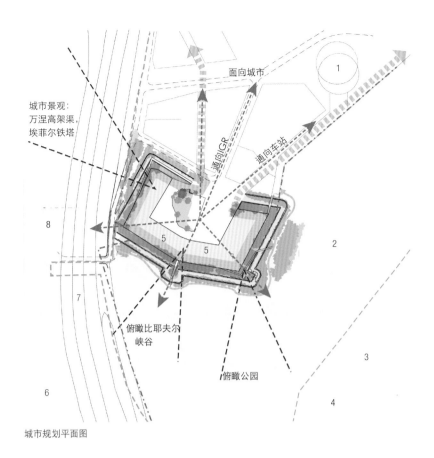

城市景观:
万涅高架渠,
埃菲尔铁塔

面向城市

通向GR

通向车站

俯瞰比耶夫尔
峡谷

俯瞰公园

城市规划平面图

1 未来GPE车站　　5 地平线步道
2 奥特·布吕伊埃雷公园　6 卡桑
3 维勒瑞夫　　7 A6公路
4 体育场　　8 全景公园

———— ZAC 周界　　—··—·· N区界线
———— 视野

1 实验室　　4 山上住宅
2 雪松庭院　　5 大学健康中心
3 雪松山　　6 地平线步道

总平面图

0　　40m

空中
半透明结构

地面
透明的空隙

地下
全土地基

1 校园广场/雪松庭院
2 项目
3 地平线步道
4 斜面
5 壕沟
6 公园

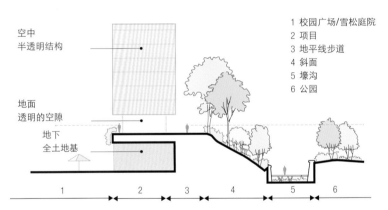

剖面图

公共通道
私人区域的分布
私人/公共空间的互动
私人互动

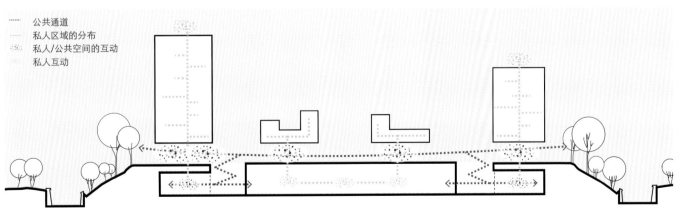

"地平线步道"允许不同项目之间的连接和互动。

剖面图

沙特奈–马拉布里
生态街区

沙特奈–马拉布里尽管位于安东尼城和索城之间的战略性位置，但仍然是大巴黎区的一个闭塞而鲜为人知的地方。伊丽莎白·波特赞姆巴克的项目包括改建艾柯勒中心现场，沿着勒克莱尔区大道构建"入口大门"，并修建一条通向市中心的斜轴，从而提高该座城市本身所缺乏的知名度。

她的项目位于一个连贯建筑群的中心，能够在城市和自然之间建立一个独特而和谐的界面。现场被重新设计成一个可持续的景观生态街区。她考虑了功能和项目的变化，并为现场和周边创造了一个鲜明的建筑和景观标志。该项目从一开始就考虑了城市和建筑方面的灵活性。该街区在未来可以变得更加稠密，其住宅和地下室可以轻松地根据不同功能进行改建。

该项目需要四座不同的建筑标记每个入口，同时也试图在这座城市中创建战略性地点。该项目旨在设计包括促进人类互动的无数公共空间，还考虑了"次街区"，以创造社会链接和一种真正的地方认同感。此外，该计划还考虑了建筑和植物遗产的保护。城市大厦的核心非常宽敞，已经景观化并完美地融入了现有绿化区，在夏季能够变成凉爽的绿洲。地下停车场具有灵活性，保留了构建绿化空间的地方。雨水采用数种方式加以回收利用。伊丽莎白·波特赞姆巴克为在该街区调整并诠释克里斯汀·波特赞姆巴克开发的开放大厦，将阳光和灯光引入该项目。

从各个角度皆可见的大型温室空间为这座城市创造了一副全新的形象，同时也让人想起该区具有历史意义的温室。温室与生态食品市场一起提高了这个新生态街区的生活质量，并为其增添了魅力。众多大楼的中心还将修建小型温室，并由居民自己管理。城市建筑的主题是为了应对巴黎区相对较低的食物自治现状而发展的，重建了城市和自然以及城市和农民之间的联系。

地点 / 法国，沙特奈–马拉布里
时间 / 2013（竞标）
业主 / EPF 92（上塞纳省公共房地产公司）
项目 / 在重建之前进行城市规划；创建一个生态街区
面积 / 场地总面积20公顷，其中包括住宅144 000平方米，商铺15 000平方米，办公楼30 000平方米，公共设施14 000平方米
摄影 / 2P–伊丽莎白·波特赞姆巴克建筑事务所

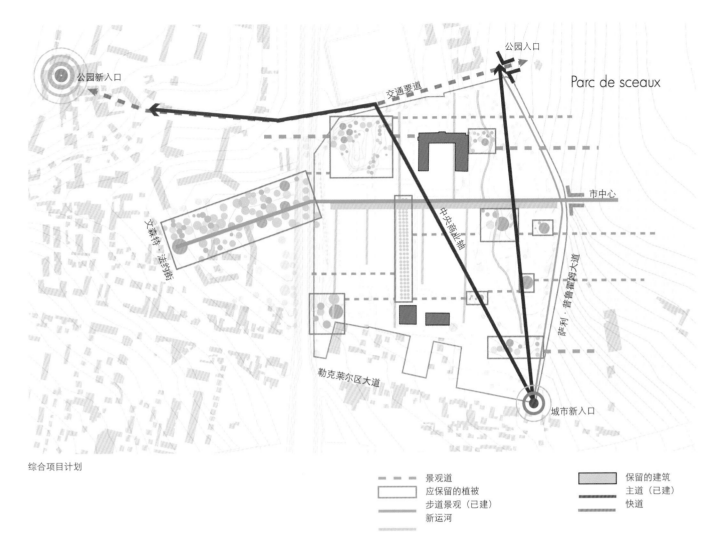

公园新入口

公园入口

Parc de sceaux

交通要道

市中心

中央商业轴

萨利·普鲁措姆大道

文森特·法约街

勒克莱尔区大道

城市新入口

综合项目计划

景观道

应保留的植被

步道景观（已建）

新运河

保留的建筑

主道（已建）

快道

总平面图　　0　50m

两座地上大型温室，属于当地的一位农场主

私人屋顶温室，为当地人所有

马西·亚特兰蒂斯
大西广场

从开发方面看，马西是巴黎地区非常繁华的地方之一。这座城市拥有三个火车站，是未来大巴黎项目的三大主要入口之一。每天有成千上万的用户通过公路和铁路网络（城市、地区和全国范围）从这个连接点抵达和离开。这座城市的所有活动都汇聚在车站和大西广场。街道和广场将这个区域连接起来，并提供了一个建立城市等级秩序的结构。

从"三火车站广场"到巴黎大街，在现场入口即可见到的一个大型公共广场创造了一种真正的城市中心感。这些地方所采用的统一材料和照明设施强调了该区的特性。

该项目（住房、商店、服务设施、会议中心、酒店、影院）为城市生活所必需的多样性建筑和各种活动及生活节奏创造了可能性。这种地方生活和"街区"网络的构建为新城市中心注入了新活力。该项目还有一个包括商店和咖啡馆的小广场，增强了街区生活的感觉。该项目提出建立不同类型的社区，倡导开展诸如音乐、绘画或园艺之类的活动，以使居民能够在寓所之外发现新的生活空间，并通过共同的兴趣爱好建立新关系。

地点／法国，马西
时间／2012—2017（竞标获胜项目）
业主／Semmassy/Altarea Cogedim
项目／作为在建工程的一部分，改建亚特兰蒂斯居民区的荒地，以修建一座新城市中心
面积／40 000平方米
摄影／2P-伊丽莎白·波特赞姆巴克建筑事务所，吉拉姆·洛克莫里，让-米歇尔·莫丽纳

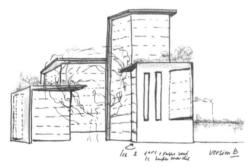

手绘图

卡诺大街

椭圆广场

马赛尔·拉莫尔弗·加利叶大街

三火车站广场

大西广场

儒勒·凡尔纳街

雪松广场

巴黎大街

总平面图

0   20m

ARCHITECTURE
建筑

马西·亚特兰蒂斯大西广场住宅

这个新中心是大巴黎火车站和建筑开发总规划的一个重要部分。伊丽莎白·波特赞姆巴克在这里建立了一个清晰的空间等级秩序：地区级的三火车站广场，然后是作为该新区繁华中心的大西广场，最后是更加私密的雪松广场。这三大空间构成了一个引人注目、充满活力的城市开发方案。

三火车站广场上的小型椭圆大厦包括32套住宅，是整体设计的一个重要元素。它与现场融为一体，构成了通往城市的大门——一座吸引访客探索街区的大门。椭圆大厦底部的一个啤酒店坐落在一条购物街的入口。上方的阳台形成横向波纹，体现了建筑的轻盈之感。

三联大厦坐落在大西广场的一个零售区，包括143套住宅，对面是一个与下方的景观广场建立了对话的空中花园。高度不同的三座大厦创造了一种减轻结构的效果，同时以单一和双体量的交替为基础，并带有凉廊和阳台。伊丽莎白·波特赞姆巴克称："这个项目强调了我们创造一种共同生活的新方式的渴望，将大量的室外私人空间与公共空间如花园结合起来。"

雪松广场的104套住宅设置在一棵大雪松树的四周，排列成非对称的新月形状，减少了建筑体量给人留下的那种密集感。建筑将雪松广场环绕起来，同时突出一个更加私密、宜居的城市空间，以烘托雪松的一座大咖啡馆和两个零售空间。这座结构的金属皮肤成为屋顶的一部分，再次强调了建筑的身份，而建筑的后立面坐落在一座高台花园之上。这个面向花园的空间为居民提供了一个吸引人们会面的愉悦空间，因而变成了一个真正的街区生活时代的元素。

地点／法国，马西
时间／2012—2017（竞标获胜项目）
业主／Semmassy/Altarea Cogedim
项目／修建住宅、公共建筑、零售商店、办公楼和酒店
面积／总面积85 000平方米，包括椭圆大厦2795平方米，雪松大厦6366平方米，以及三联大厦12 421平方米
摄影／2P-伊丽莎白·波特赞姆巴克建筑事务所，瑟奇·于尔瓦，让-米歇尔·莫丽纳

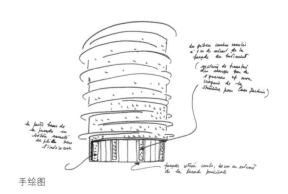

手绘图

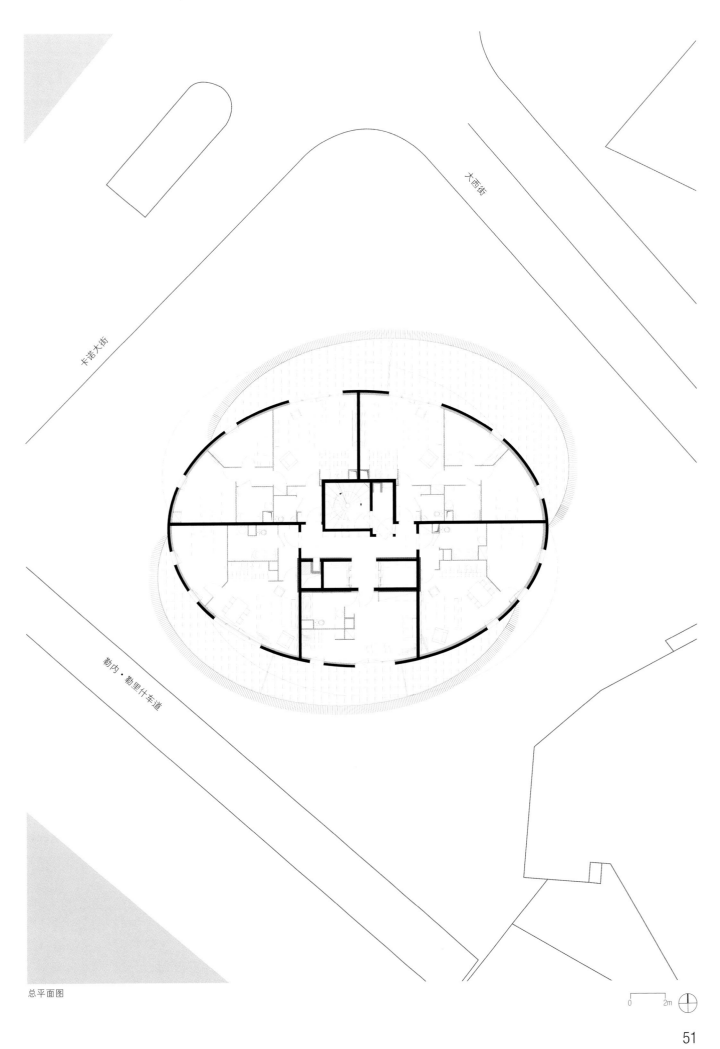

总平面图

梅茨光之桥住宅楼

光之桥住宅楼位于ZAC露天剧场开发区的入口。该项目是提倡修建密集建筑和斜坡屋顶的城市规划的一部分，类似郊区建筑。现场隐藏在建筑入口和零售区之后，根据其地形，需要在洛泰尔街的高度上修建密集的停车空间，从而避免人行道沿线的单调立面。斜坡锌板屋顶以及白色抹灰和锌板墙面能够确保设计的连续性。为了减轻建筑的结构，伊丽莎白·波特赞姆巴克选择根据不同规模的建筑创造特定的景观。

该住宅楼分为两个元素，每个都具有自己的建筑个性，却保持了一致性。因此，建筑师为避免单调，加强了每栋建筑的身份。建筑在质量上没有差别，公寓用于出售（政府补贴贷款）和用作社会或租金控制住宅。整个项目都采用同样严格的标准，受到了同样的重视，以为居住在这些住宅中的居民提供类似的体验和最大可能的生活标准，此外，附带私人花园、露台和凉廊，这些都有助于提高生活质量。

地点 / 法国，梅茨
时间 / 2010—2016（委托设计）
业主 / Groupe Rizzon
项目 / 设计和建造个人和公益住房；零售区和停车场
摄影 / 2p–伊丽莎白·波特赞姆巴克建筑事务所，尼古拉斯·伯雷尔

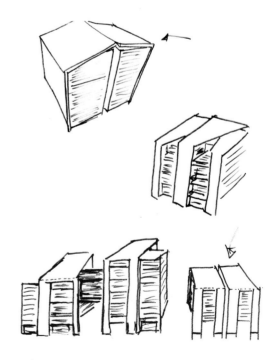

手绘图

模型

模型

梅茨光之桥住宅楼

波尔多漂浮池塘住宅区

这个综合住宅区围绕着一座大花园布局，建筑排列成非对称新月形——不同的高度让整个建筑群显得轻盈起来。漂浮池塘区是一个重要的景观，记录了波尔多市的城市发展历程。伊丽莎白·波特赞姆巴克设计的B地块包括78套住宅，毗邻吉隆德河码头。这些公寓大小不一，分布于四栋建筑。每套公寓都有一个私人室外空间（阳台、凉廊或花园）——从波尔多的气候看来，这是一个不可或缺的元素。该项目围绕一个花园，而花园修建在两层楼高的停车场之上。

为了保护漂浮池塘区周边地区的质量，以及避免步行者产生被双层楼板的密度"挤压"的感觉，住宅楼临街而建，靠近停车区，而步道沿线的两道空隙构成看向地块内部的视觉隔离区。为了柔化双层楼板和建筑的密度，建筑采用非对称递增结构，最下面是俯瞰码头的低矮立面，之后缓慢爬升，最后是角度相反的七层楼结构。

营造法国"近郊"氛围是该项目的目的之一。这种氛围通过建筑线条分明的体量和基本材料如混凝土、彩色涂料（不同色调的灰色）、非常光滑的饰面以及金属壁板加以强调。沿着几个立面而构建的电缆系统支撑攀爬的藤蔓。空隙中露出的白色立面丰富了这种秩序。为了强调每座建筑的易辨性和身份，建筑以立面上的小空隙和不同的材料选择加以区别。

中心花园位于距离地面两层楼高的位置，可从吉隆德河码头看到，以不对称的台阶通向零售区。向下的台阶、斜屋顶和柔和的屋檐共同构成了垂直悬挂在立面之上的皱褶印象。金属材料和形状让人想到现场的工业和港口性质。

地点 / 法国，波尔多
时间 / 2010—2016
业主 / 布依格房地产开发公司
项目 / 修建78套住房以及零售区
面积 / 总面积6500平方米，包括住宅5900平方米和零售区600平方米
摄影 / 2P-伊丽莎白·波特赞姆巴克建筑事务所，尼古拉斯·伯雷尔

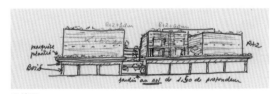

手绘图

外国人街

吉伦特街

0 10m

总体平面图

模型

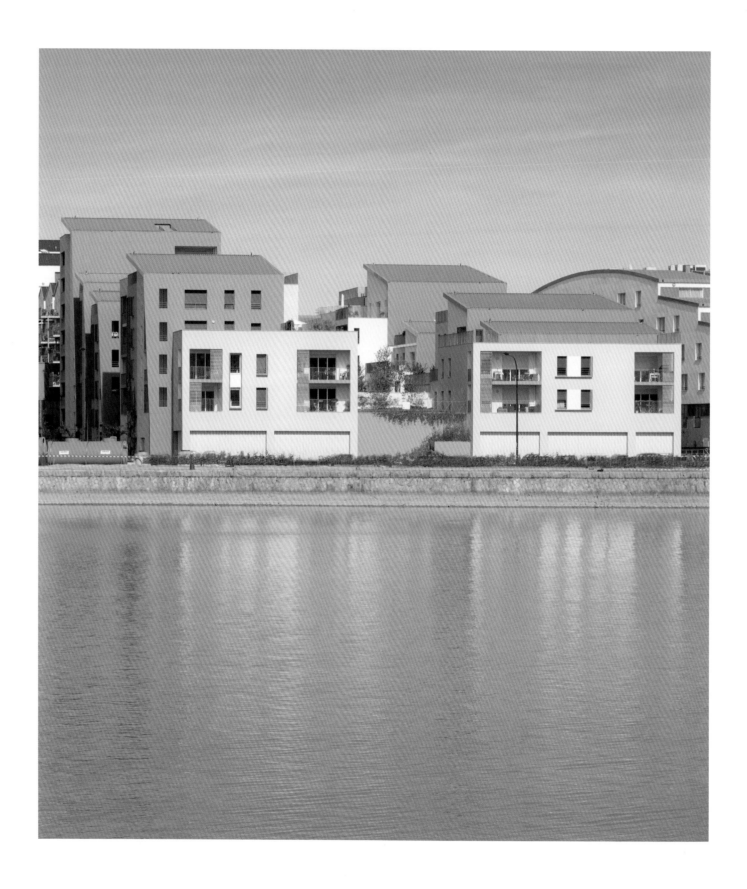

凡尔赛造船厂
住宅区

该住宅项目位于凡尔赛造船厂街区，是一个占地3.5公顷的城市规划方案的一部分，毗邻火车站，拥有良好的公共交通设施。伊丽莎白·波特赞姆巴克受委托设计西区，该建筑群旨在提供利用政府补助贷款购买的住房、公益住房、学生和老年人住宅。

建筑位于该区的外围部分，在中心留出了一个面积达1000平方米的花园空间。凉廊和宽敞的露台给该区内部的立面以及朝向中心花园的客厅注入了活力。凡尔赛市政府的城市规范非常严格，并对建筑的规格以及立面需采用的传统材料做出了详细规定。在该项目中，伊丽莎白·波特赞姆巴克对这些规则进行了当代诠释——此举得到了市长的支持。她以现代方式利用砖和锌板，充分尊重凡尔赛的鲜明特性，就像这座城市现代初期的立窗和圆角一样。宽度不一的长金属阳台在立面上舞动，创造出一种动态的印象，减轻了砖砌建筑给人的纯粹规模感。

屋顶还设置绿色露台。花园让人想起凡尔赛的特性——一座绿色的城市，在那里，室外空间和花园提升了建筑的质量。

地点 / 法国，凡尔赛
时间 / 在建
业主 / 凡尔赛造船厂
项目 / 修建住宅、幼儿园和停车场
面积 / 东区包括办公楼16 600平方米、零售区750平方米、住宅楼4700平方米；西区包括住宅楼23 500平方米（17 220平方米用于私售、6280平方米为公益住房）、幼儿园300平方米
摄影 / 菲斯摄影，Kreaction摄影工作室 SNCF/Arep，贝松·吉拉尔，2P–伊丽莎白·波特赞姆巴克建筑事务所

手绘图

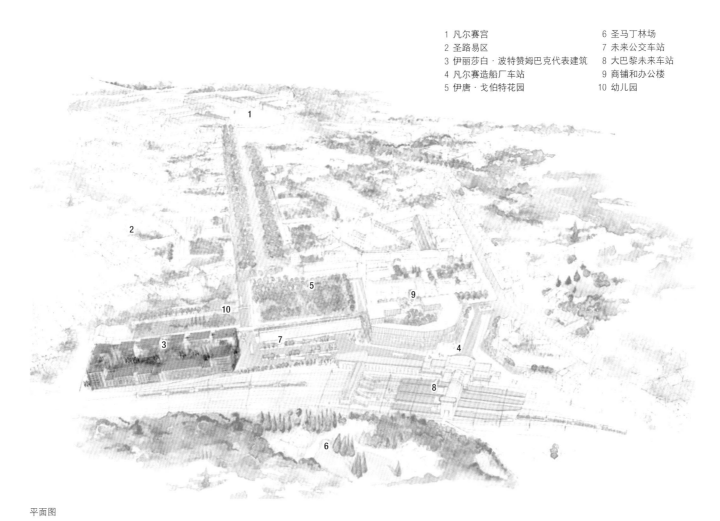

1 凡尔赛宫　　　　　　　　　　　　　　　6 圣马丁林场
2 圣路易区　　　　　　　　　　　　　　　7 未来公交车站
3 伊丽莎白·波特赞姆巴克代表建筑　　　　8 大巴黎未来车站
4 凡尔赛造船厂车站　　　　　　　　　　　9 商铺和办公楼
5 伊唐·戈伯特花园　　　　　　　　　　　10 幼儿园

平面图

1 勒诺特楼（出售）　　3 路易十四楼（出售）　　5 公益住房　　7 老人年住宅
2 卢力楼（出售）　　　4 勒布朗楼（出售）　　　6 学生住宅　　8 幼儿园

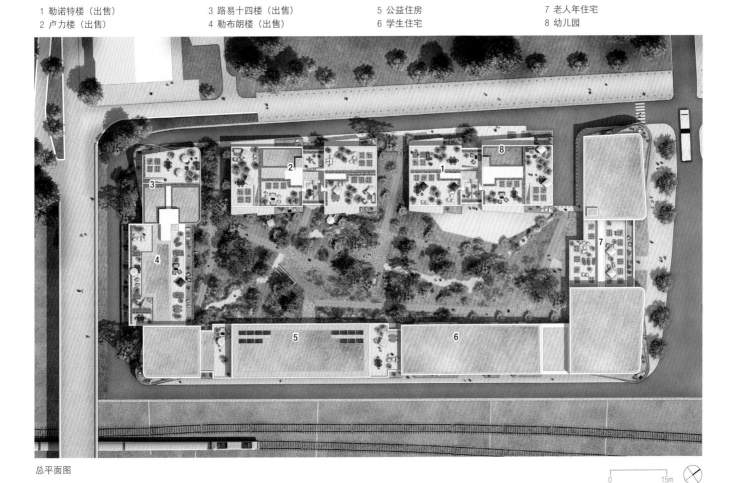

总平面图

0　　　15m

卡萨·雅尔丁宅邸

这是一处特别的场地，位于甜面包山山脚下乌卡住宅区的最后一块可建土地上，这里可以俯瞰里约热内卢湾。建筑师以此为基础，设计了一座面北建筑，将群山和西面科尔科瓦多山的基督救世主雕像的全景囊入视野。

这块地势陡峭、树木茂密，规格为20米×50米的场地位于一条海拔21.5米的公路旁，要求建筑师建立热带植被和室内空间之间的联系。该项目充分诠释了非常严格的街区城市规范，最大可能地展现了风景。

建立在路面上的一个宽阔的景观台阶面向现场，通往乌卡滨水区。斜坡公共花园的景观延伸到了住宅下方。为了扩大上部楼层的全景视野并将其延伸至更长的距离，住宅将修建在7米高的建筑桩上（该区允许的最大高度）。一楼有五个卧室，其中三个的外立面设置了阳台，安装了百叶窗，以遮挡强烈的北面阳光，并引入里约热内卢湾的风光。

面山侧有一个小型客厅，安装了7米高的教堂窗，给人一种从森林进入卧室的感觉，其中两扇窗面向绿色的阴凉景观。

生活空间（接待厅和厨房）设置在二楼，直接面向露台。露台似乎延长了群山的景色。客厅同时朝向基督救世主雕像和甜面包山。屋顶泳道提高了居住者的生活质量。

玻璃立面采用四块木制遮阳板。遮阳板与耐候钢高垂直轴铰接，创造了一个动态表面。花园始于住宅下方的街面，延伸至住房后面，与群山的热带植被融为一体。

地点 / 巴西，里约热内卢
时间 / 2015（委托设计）
业主 / 私人项目
项目 / 设计和建造一栋两层私人住宅
面积 / 场地面积1000平方米，住宅面积600平方米
摄影 / 2P-伊丽莎白·波特赞姆巴克建筑事务所

总平面图

0   100m

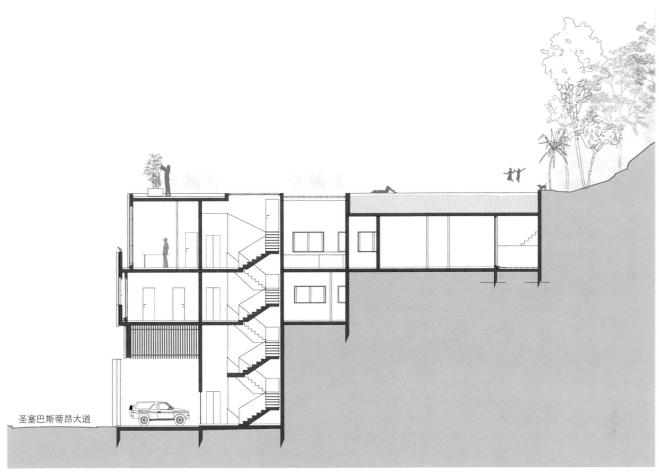

剖面图

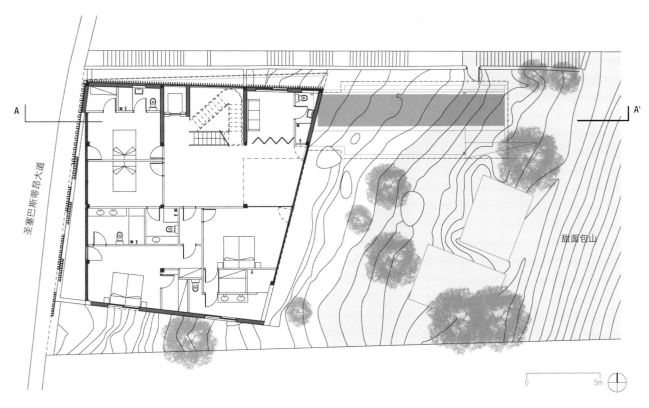

平面图

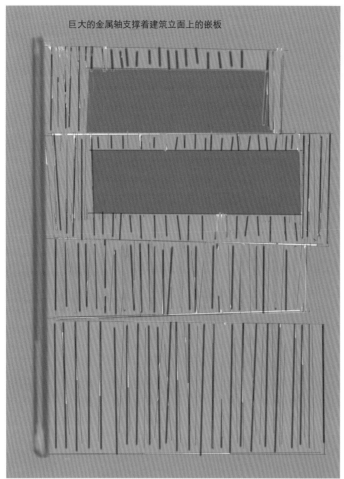

巨大的金属轴支撑着建筑立面上的嵌板

手绘图 闭合的嵌板百叶窗

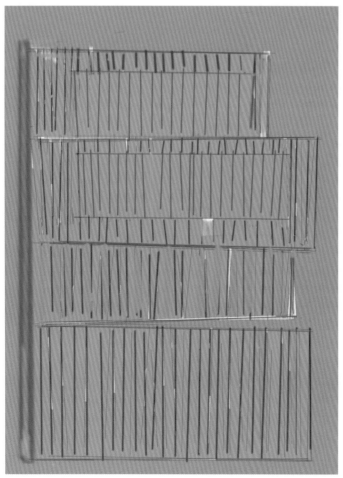

手绘图 打开的嵌板百叶窗

巨大的金属轴支撑着建筑立面上的嵌板

预制住宅模块

这个包括预制紧急住宅设计的项目是伊丽莎白·波特赞姆巴克工作室多年实践的结晶。该工作室通过多年研究建立了多个模块木结构系统，可以应对各种可能的条件：贫困地区的住宅危机、贫民窟的再度城市化政策，以及冲突地区或灾后地区对应急住宅的需求。该方案最显著的特征包括：建造速度快、成本低、独特的设计美学和可持续发展的技术应用。

该项目的开发划分为几个不同的阶段。第一个阶段于2004年从法国开始，与负责建造应急住宅的众多机构和模块工业产品制造商合作。2009年建筑师对其他原型进行了研究，以应对巴西圣卡塔琳娜的一场自然灾害。巴西版预制住宅模块自然反映了当地的生活习惯和可用技术。

该项目的第二阶段从2012年延续至2013年，是应急住宅研究和大巴黎国际工作室实践的一部分。伊丽莎白·波特赞姆巴克提出研究能够适用于任何类型的现场，甚至包括高架地铁线、塞纳河上的驳船或无人居住的公共空间的模块。有效的隔音和抗震方案使得在火车轨道附近采用模块成为可能。

在第三阶段，即2015年，伊丽莎白参加了以巴西城市为主题的蒙多卡萨城市社区展会。她展示了一幅环境社区住宅概念的手绘图，这是为新街区或现有街区的改建设计的。她提出根据每个社区的城市模型来设计住宅，与景观保持紧密的联系，同时尊重历史和地方文化。

该项目的第四个阶段被称为蝴蝶结构住宅，始于2016年，是改革性预制住宅项目的一部分。该项目由一个房地产开发商组织，联合了30多名著名建筑师、设计师和艺术家，目的是采用领先技术网络和低成本制造系统，创造一系列预制居住空间，

地点／包括巴西和法国在内的多处地点
时间／2004—2017
项目／研究一种预制住房概念
摄影／2P-伊丽莎白·波特赞姆巴克建筑事务所

最小值4.5米

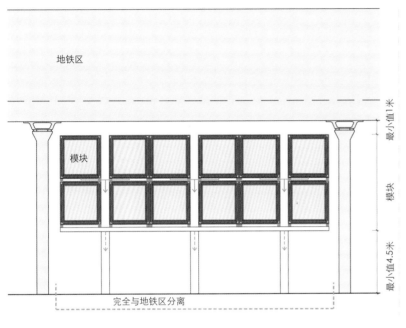

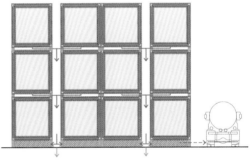

地铁区

模块

最小值1米

模块

最小值4.5米

完全与地铁区分离

第二研究阶段——高架地铁线下的模块

■ 抗震
每个模块下安装抗震衬垫
■ 网络
-变体1：与排水网络连接
-变体2：模块和真空泵下方的槽隙
■ 隔音
-模块各边采用方便模块移动的隔音设施
-模块之间的隔音空隙

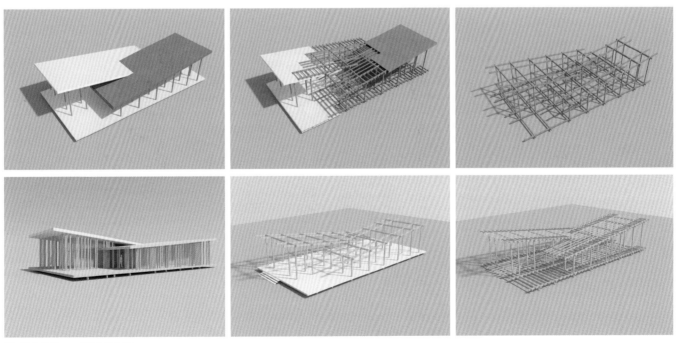

第四研究阶段——蝴蝶结构住宅

第2研究阶段——高架地铁线下的模块，地上为空闲的公共场地

塞纳河驳船模块

落地的蝴蝶结构住宅项目

台中情报指挥中心

台中情报指挥中心被构想成一个街区，属于第四代都市大厦，成千上万的人们将居住在这座垂直城市的部分空间中。设计的主要目的是避免那种将用户与城市隔离、妨碍社会活动的大厦。

大厦附近的景观公共空间通向一个地下剧院兼礼堂。完全透明的一楼对公众开放，诚邀人们进入较低楼层参与各种活动。这个空间具有明显的城市特征。一个缓坡室外空间成为景观的延续，将城市拉升成站立的大厦。步道实际上或象征性地沿着真实立面往上延伸，以避免建筑和水平城市之间的任何视觉中断。景观基层区专门用于与艺术和保健相关的活动。

景观美化完美地符合大厦本身的纯粹和严谨美学。有节制的设计拒绝装饰和风格效果，旨在避免对当前建筑时尚的引用。大厦在顶层稍微弯曲，呈现轻盈动态的感觉。

严格控制能源消耗，采用被动定位策略和旨在尽可能减少大厦二氧化碳排放量的整体生态气候方案，巩固了其作为街区创新象征的形象。

室内的标志性特征是无数垂直"街道"，这些街道建立了楼层和绿化空间之间的联系。相互连接的垂直城市的概念能够促进一种集体智慧形式的诞生，这种智慧可能充分利用人工智能，为创造人类文明急需的创新提供条件。

地点 ／ 中国，台湾，台中
时间 ／ 2017—2021（竞标获胜项目）
业主 ／ 台中市政府
项目范围 ／ 44层楼的大厦，包括数字文化中心、零售区、办公室和餐馆
面积 ／ 数字文化中心24 000平方米，零售区2000平方米，餐馆2000平方米，办公室40 000平方米
摄影 ／ 2P-伊丽莎白·波特赞姆巴克建筑事务所

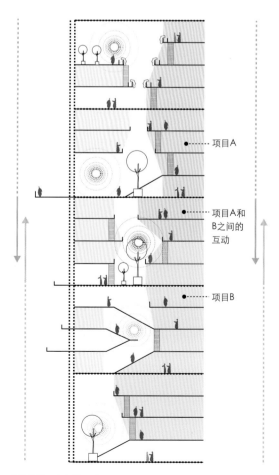

项目A

项目A和B之间的互动

项目B

小街区单元之间的互动

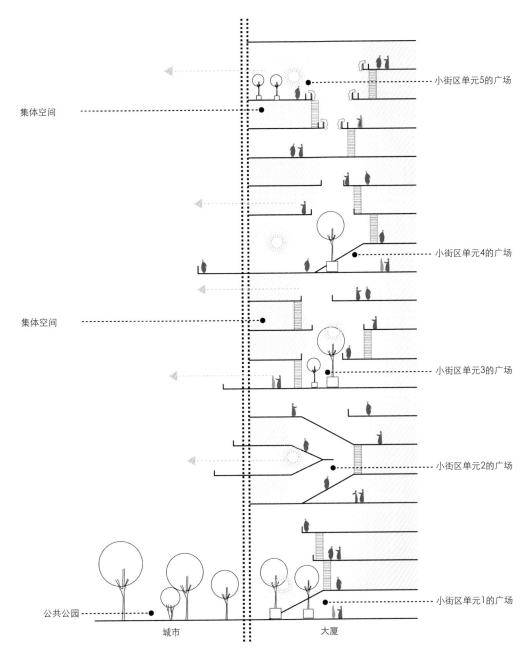

集体空间

小街区单元5的广场

集体空间

小街区单元4的广场

小街区单元3的广场

小街区单元2的广场

公共公园

小街区单元1的广场

城市　　　　　　　　大厦

私密性逐渐增加：从公共空间过渡到私人空间

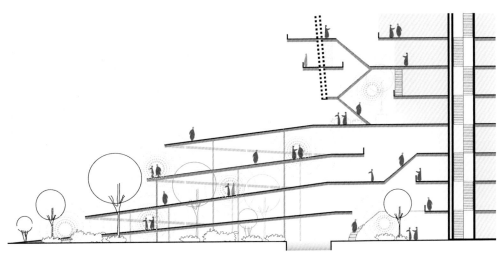

地面公园和大厦之间的连续性

迈阿密花园大厦

该项目位于一个特别的现场，在城市密集化规划中扮演着重要的角色。这座大厦位于滨海区散步大道上，将滨海区、步道广场和布里克尔湾车道连接起来。该项目建立在对质量密度的全面分析之上，在这里，住房的优化必须包括海景。两栋住宅大楼以一个精美的玻璃间隙结构连接，由作为部分绿化的叠层绿色阳台构成。大厦的底部包括一个花园，为便利设施、室外泳池和大厦上部提供了一张连续的绿色地毯。

俯瞰布里克尔湾车道的立面受到了极大重视，其一楼大厅设置了通向空中大厅的全景电梯。空中大厅贯通建筑东西，朝北面向一个有顶热带花园，朝西面向海洋全景。主入口的下车区方便步行者和车辆出入。封闭的凉廊通过一个像手风琴的装置即可通向室外。这增加了可使用面积，创造了室内、室外空间的流畅过渡。现场易受盛行风和频繁登陆的飓风的影响，因此，两座大厦和间隙体量被设计成紧凑结构，以减少风带来的问题。该结构性系统由两个沉重核心构成，并辅以周边混凝土柱，以进一步确保项目的灵活性。

两座大厦包括众多公寓，公寓就像叠放在一起的各种类型的联排房屋。第一栋大厦每层楼有六套公寓，第二栋大厦每层楼有四套公寓。每层楼略高于三米。第一栋大厦的屋顶空间包括一个人造海滩和一个全景泳池。第二栋大厦的顶层是两套复式公寓。

地点 / 美国，佛罗里达州，迈阿密
时间 / 2014（竞标设计）
业主 / Corigin地产集团
项目范围 / 设计和建造两栋住宅大楼，包括便利设施、停车场、浴场、餐馆、商铺、泳池和露台花园
面积 / 180 000平方米，高228.6米
摄影 / 2P-伊丽莎白·波特赞姆巴克建筑事务所，罗德摄影工作室

总平面图

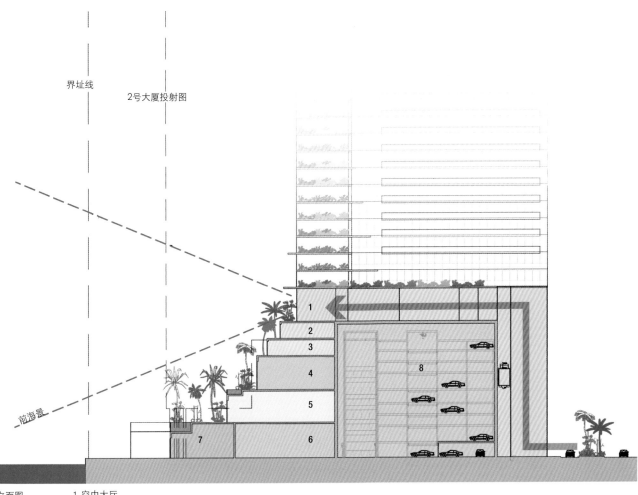

界址线

2号大厦投射图

前海景

立面图

1 空中大厅
2 餐厅
3 儿童房
4 高尔夫球练习场
5 浴场
6 交货区
7 零售区
8 住宅停车场

0　　　20m

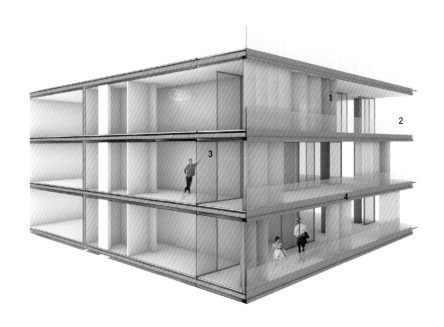

剖面图

1 推拉玻璃立面（可完全折叠）
2 玻璃扶手
3 保温玻璃立面
4 楼板侧边瓷砖

凯悦酒店大厦

最新的大厦旨在展示其所包含的机构的力量和形象。与这个概念截然不同的是，伊丽莎白·波特赞姆巴克的项目融入了一个对一栋酒店和住宅综合功能大厦而言非常重要的参数：隐私的概念。

这座大厦首先考虑了卡萨布兰卡的建筑和气候环境，采用了当地建筑的元素。精美的白色马希拉比亚窗（一种印度式样的大型窗扉）取代了空隙，创造了良好的通风效果，同时又引入了阳光。叠加的模块将水平特征融入建筑，令人想起阿拉伯的麦地那住宅。大厦因此而成为摩纳哥建筑具有某些重复特点的当代诠释。

大厦的每个模块呼应附近不同高度的建筑，加强了其与街区的对话。体量的重叠不仅能够创造隐私，还能打破大厦很高的印象，否则，大厦与周围建筑相比会显得太过庞大。第一个模块的高度回应周年建筑的高度，从而使得大厦协调地融入了城市景观。体量的变化加以强调，以补偿建筑的比例，此举是为了减少结构的巨大体量。

地点 / 摩纳哥，卡萨布兰卡
时间 / 2009（委托设计）
业主 / 联盟集团
项目 / 修建一座四星级宾馆和豪华住宅楼（21层），带零售区
面积 / 公寓7372平方米，酒店14 065平方米，零售区1193平方米
摄影 / 2P-伊丽莎白·波特赞姆巴克建筑事务所

总平面图

0   20m

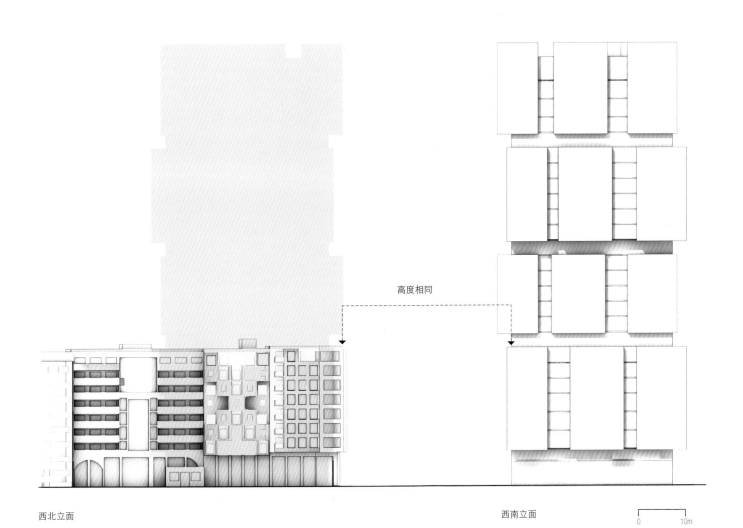

高度相同

西北立面

西南立面

0   10m

卡萨布兰卡安法五星级酒店

伊丽莎白·波特赞姆巴克设计了一座包括一个商务中心和一栋酒店住宅的五星级酒店。现场位于卡萨布兰卡的安法新商业区，而她的项目位居现场西侧一个三角形区域的最小角，并且完美地与地形融为一体。

两座中等高度的大厦通过一个中间建筑连通，而中间建筑包括一个朝南的室内花园。该综合设施包括不同高度的建筑，整体朝西延伸，与更大的项目和环境融合起来。该建筑以动态的结构融入了自然的绿色环境，但又鹤立街区，成为一个结构性地标，尽管只有中等高度。根据该区城市规范对周边建筑做出的高度限制，新建筑在严格遵守要求的情况下创造"运动"。倾斜的白色面纱在立面的一部分断开，将绿色建筑和街区中心花园的风光框入其中。

室内花园从一楼大面积展开。它是一处和平的绿洲，是充满各种植物的漂亮花园。它在酒店中占据了一个特别的位置，为面向综合设施中心的房间提供了一道漂亮的风景。从林荫大道上透过正立面还能看到花园，该立面展示了花园的面貌却保护了用户的隐私。

地点／摩纳哥，卡萨布兰卡
时间／2015（竞标获胜项目）
业主／摩洛哥布依格房地产开发公司
项目／设计和建造一栋五星级酒店和一座酒店住宅
面积／27 000平方米
摄影／2P–伊丽莎白·波特赞姆巴克建筑事务所

- 五星级酒店（住宅）
- 五星级酒店
- 运动场-浴场
- 商务中心（舞厅）
- 管理区
- 大厅、餐馆、厨房

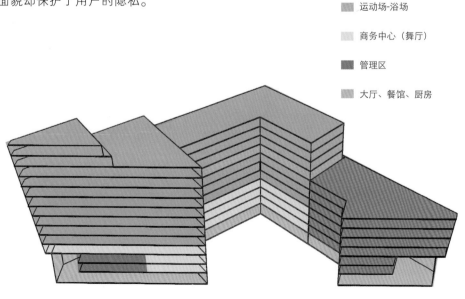

简略透视图

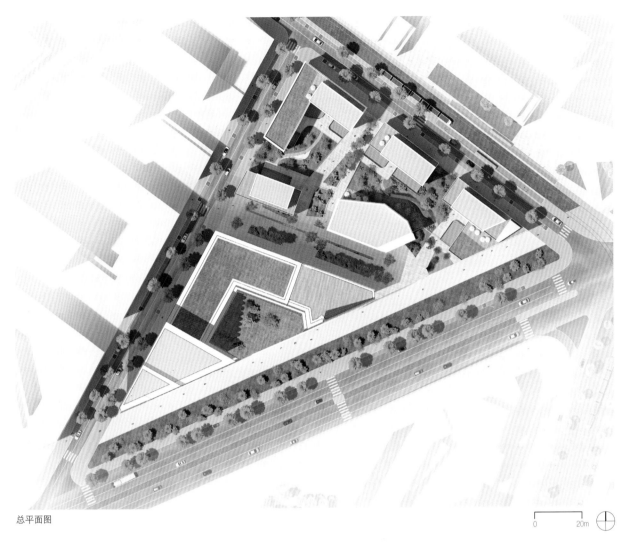

总平面图

0   20m

效果图

香槟区五星级酒店

伊丽莎白·波特赞姆巴克为该现场所做的设计，无论是从建筑方面，还是从项目包含的与该现场和景观有关的可持续性观点来看，都堪称典范。酒店宾客将能欣赏一条峡谷的壮观风景。酒店从峡谷可见，其正立面非常质朴，并融入周边环境，避免与自然背景产生冲突。

避风的阳光花园朝向内立面。一个带盆状结构的阶梯式花园以及交替的植物和水景标示了酒店入口。建筑倒映在水面上，而正立面本身倒映着乡村的风景，在建筑和环境之间形成了一种明确的呼应。水的出现也与喷泉或源泉的思想相关，构成了对浴场活动的呼应。

作为主立面的东立面采用双层香槟色玻璃幕墙，南侧颜色较深，北侧颜色较浅，以减少热量吸收。酒店房间的凉廊采用玻璃，将周边葡萄园揽入通畅无阻的视野。

该建筑利用生物质能和风能，加入了当地可持续开发计划。新酒店扎根于现场，可视为邻近环境中的一股积极力量。一个温室和一个植物园是该项目的一部分，用于为酒店餐馆种植新鲜水果和蔬菜，而浴场的产品设计则与当地的葡萄酒酿造文化有着紧密的联系。

地点 / 法国，米蒂尼
时间 / 2014（委托设计）
业主 / Somifa
项目 / 设计一座五星级酒店（50个房间、香槟酒吧、啤酒吧和美食餐馆、浴场）；包括150个车位的停车场
面积 / 6000平方米
摄影 / 2p–伊丽莎白·波特赞姆巴克建筑事务所

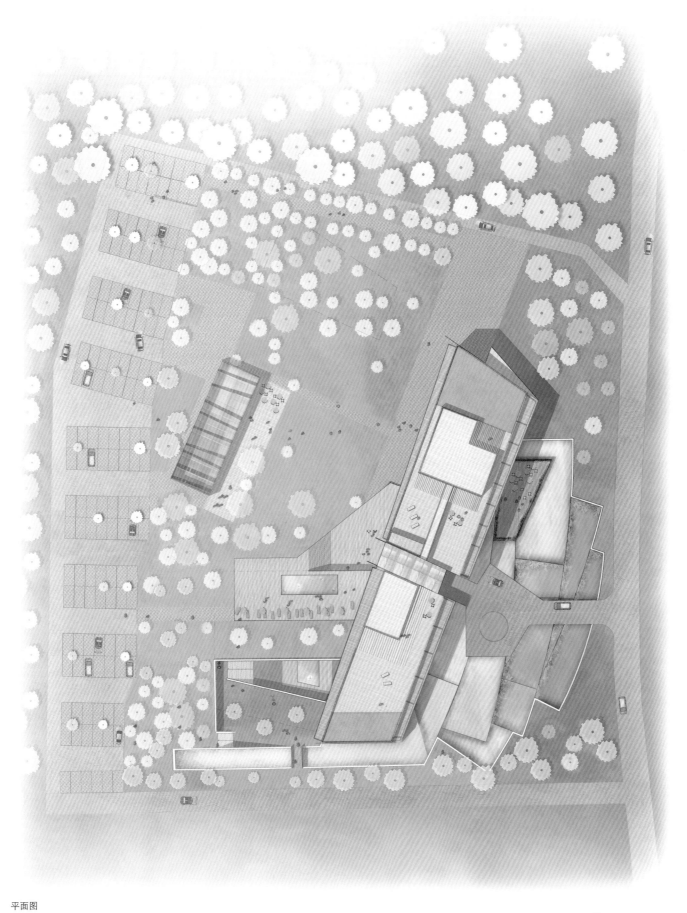

平面图

0   20m

博吉·阿提亚里综合体

阿提哈利瓦法银行总部将完全与卡萨布兰卡的新安法街区融为一体，以强调这个新机构在一座城市的新街区所享有的名声，而这座新城市正在巩固其作为非洲首个金融中心的地位。博吉·阿提亚里项目充分利用了体量的变化，在城市和一个公园之间形成了一个新月形的空间。设计师在这个空间中创造了一系列面向南部和公园的景观平台。这些空中花园面向办公楼的用户开放，还因各自的位置而面向居民开放。

街区和项目的密度要求采用完全现代的干预手段，避免遭受现代城市面临的"身份丢失"。对卡萨布兰卡，特别是麦地那本土建筑的巧妙引用创造了一种真正的适宜设计和空间的感觉。加上对传统的引用，该项目的指导原则具有灵活性、连接性以及整体建筑的卓越性，从整体看对功能给予了充分尊重。

该综合设施以多个项目为基础，包括大厦、办公楼和住宅。该项目试图在不同的功能和空间内创造建筑一致性。大厦具有两种象征意义——从其物质存在看是现代的，从其形式上看是世俗文化的见证。办公楼尽管较矮，却采用类似大厦主体的覆面。简单、朴素的建筑设计是办公大楼的主要特征。覆面采用了传统方式，而这种方式很久以前就已经证明了其在减少热能吸收方面的有效性，且在任何意义上都不会影响阿拉伯和伊斯兰风格建筑的混合效果。住宅楼采用了同样的手法。

地点 ／摩纳哥，卡萨布兰卡
时间 ／2017（竞标设计）
业主 ／阿提哈利瓦法银行
项目 ／大厦和办公楼群，包括一个住宅区
面积 ／大厦30 000平方米，办公楼17 500平方米，住宅区7100平方米
摄影 ／2P–伊丽莎白·波特赞姆巴克建筑事务所

总平面图

0　　　　20m

立面图

0　　　　20m

都市之星大厦——
普莱耶尔塔和
桥梁建筑

该项目需要解决一个真正的城市问题，即将现场被铁路轨道打断的分散元素连接起来。我们的应对方案是创造一座适合周围环境的大厦和一座具有清晰的建筑特征和都市性质的桥梁建筑，促进用户和行人之间的互动。完全有必要避免创造那种已经霸占现代城市的封闭性大厦，因为这种封闭实际上忽视了城市，割断了居民和用户与城市环境之间的联系。创意取决于融合，而开放与此类融合同义。

都市之星大厦是开放性的，并与城市环境融为一体。公共空间在较低的楼层，并将大厦与桥梁建筑连接起来。桥梁建筑的扫描式节奏与大厦和城市共同创造了一种共享动态的存在。橡木覆面的大"盒子"构成室内广场，这一主题在大厦和上部楼层露台重复出现，而阳台由楼梯衔接，形成一种向上爬升的街道。大厦的目的是创造一个真正的垂直街区。

各立面可见的结构原则是沿着大厦表面攀爬的斜纹白色混凝土桁架。在互相连通的建筑内，城市因竖向和横向圆形图案所形成的效果而被拉长，吸引用户将这些空间据为己用，当然空间也能随着时间的变化而变化——这是任何必然永久存续的建筑项目的一个重要方面。都市之星大厦象征持久不衰的价值观，即有关聚会和有关联系个体的价值观，以消除障碍，避免都市的分裂。它在建造共享未来，实际上，它显示了未来的城市是什么样子的以及是如何创建的。

地点／法国，巴黎
时间／2017（竞标设计）
业主／考夫曼&布劳德集团
项目范围／为圣丹尼普莱耶尔新区修建桥梁和大厦；一楼是零售区，上部楼层是办公区
面积／桥梁建筑17 850平方米，大厦建筑43 700平方米
摄影／2P–伊丽莎白·波特赞姆巴克建筑事务所，莱姆伯特·雷纳克建筑事务所

手绘图

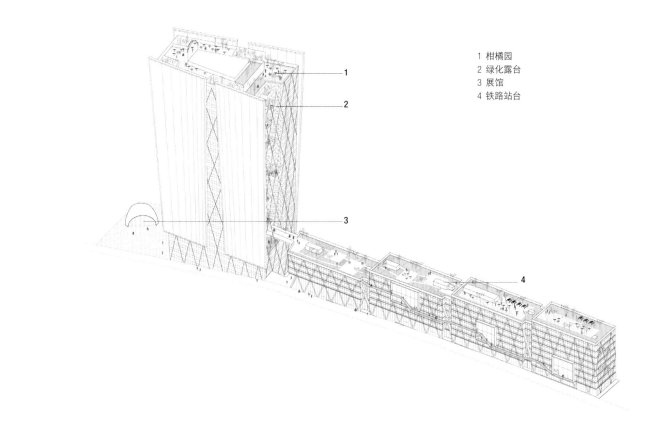

1 柑橘园
2 绿化露台
3 展馆
4 铁路站台

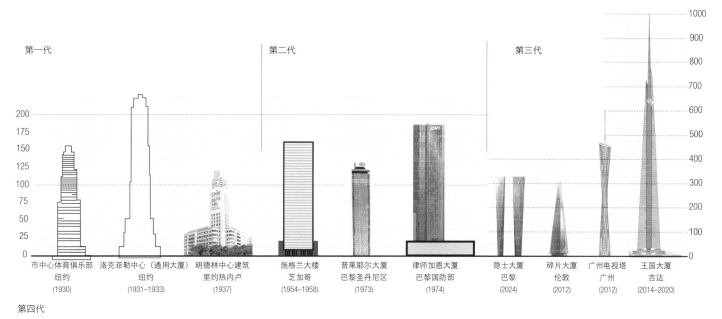

第一代			第二代			第三代			

市中心体育俱乐部
纽约
(1930)

洛克菲勒中心（通用大厦）
纽约
(1931–1933)

明德林中心建筑
里约热内卢
(1937)

施格兰大楼
芝加哥
(1954–1958)

普莱耶尔大厦
巴黎圣丹尼区
(1973)

律师加恩大厦
巴黎国防部
(1974)

隐士大厦
巴黎
(2024)

碎片大厦
伦敦
(2012)

广州电视塔
广州
(2012)

王国大厦
吉达
(2014–2020)

第四代

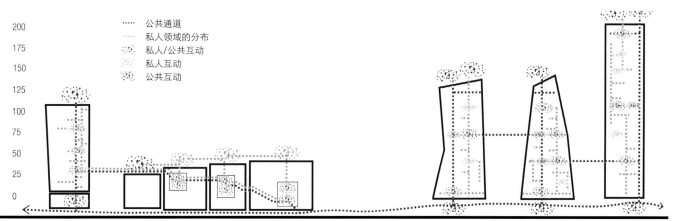

..... 公共通道
——— 私人领域的分布
私人/公共互动
私人互动
公共互动

通过室内街道和广场与城市连接的垂直街区

121

Gare Saint-Denis Pleyel

荣耀码头

荣耀码头毗邻伯勒·马克思公园，位于里约热内卢极为著名的现场之一。这个改造项目要求将新建筑融入一个自然环境。该项目包括重建一个码头和新建一座文化中心、一座会议中心以及一座展览馆。

文化和会议中心由两个大型绿色步道构成。步道沿着一个缓坡向上攀爬，直至抵达可以瞭望瓜纳巴拉湾和公园的观景台。两个相互交织的附属楼将阳光引入该项目。一个垂悬部分似乎减轻了结构的体量，避免遮挡海岸、公园和甜面包山的风景。由垂悬屋顶的悬臂构成的遮蔽物提供了一处荫凉的庇护所，即便在高温下人们也能使用。面朝大海的边缘也可成为观看海湾上的赛船会和其他活动的观看点。

文化中心的空间兼具灵活性和渗透性，包含很多功能。因为其建筑部分位于地下，且面积从70 000到140 000平方米不等，却没有改变项目的基本性质。

展览馆也有一部分位于地下，但因为拥有庭院和屋顶小窗而使自然光能够进入。屋顶由一座坡度和缓、栽种花木的小山构成，小山延伸至公园和公共步道，也能兼作公众观看露天表演的座椅区。

公共码头的购物设施（餐馆、酒吧和精品店）将设置在面向海岸的走廊里，位于花园之下，从公园无法看到。一座凉亭将提供荫凉，成为这座项目插入景观的点睛之笔。一条横穿公园的公共自行车道将在花园的高度上延伸。

地点 / 巴西，里约热内卢
时间 / 2010（竞标项目，未建）
业主 / EBX
项目 / 城市文化中心、码头和公园；设计一个会议中心、展览馆、礼堂和餐馆；重新设计伯勒·马克思公园
面积 / 81 500平方米
摄影 / 2P-伊丽莎白·波特赞姆巴克建筑事务所

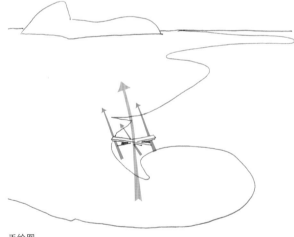

手绘图
建筑的最低和中心部分将行人空间放置在与码头等高的另一边

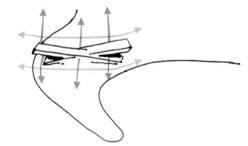

手绘图
悬空体量和透明的墙体在行人高度将整个项目融为一体

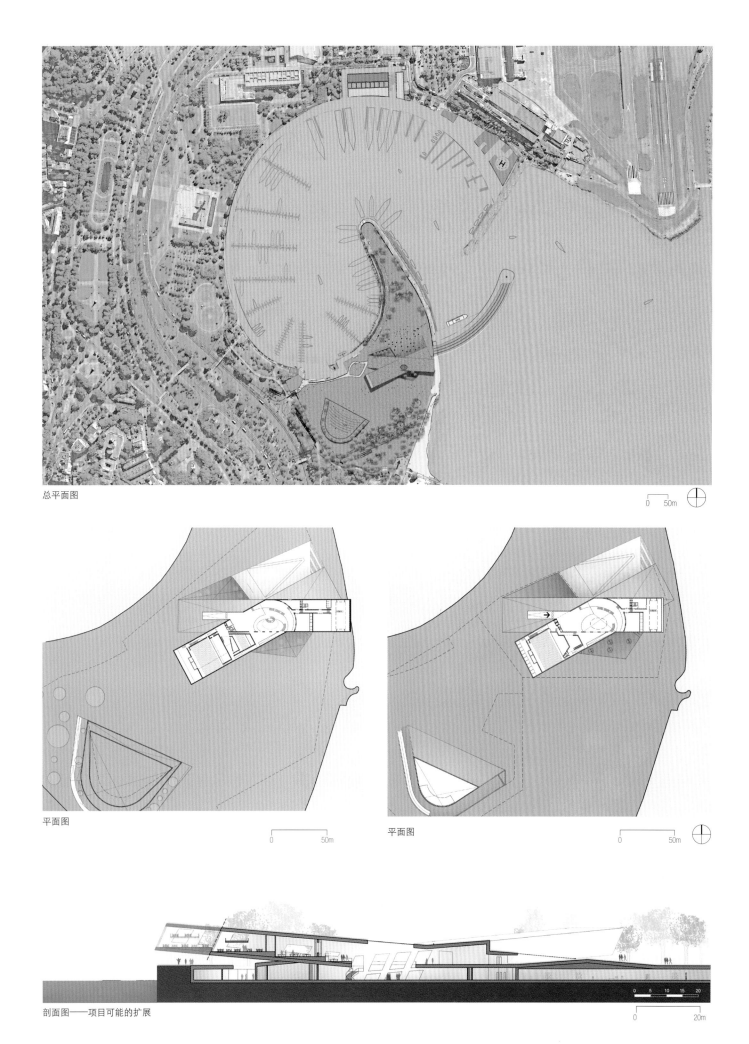

总平面图

0　50m

平面图

0　50m

平面图

0　50m

剖面图——项目可能的扩展

0　5　10　15　20

0　20m

127

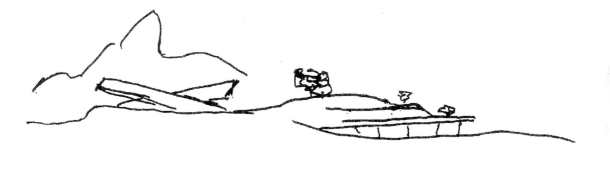

弗洛里亚诺波利斯
法国文化中心

这座法语联盟建筑及教室位于弗洛里亚诺波利斯的市中心，同时也兼容荣誉领事办公室、一家旅行社以及其他文化设施，包括欧洲媒体图书馆、剧院、数字化阅览室和舞蹈工作室。伊丽莎白·波特赞姆巴克的纯线条设计为这个法国-巴西项目在一座生态友好、技术先进的建筑中创造了一个空间。她与罗伯特·兰贝茨合作设计了这座将成为巴西第一座积极能量结构的建筑。伊丽莎白·波特赞姆巴克与罗伯森·豪尔赫合作设计了透视图，她设计的结构包括一个拥有350个座位的剧院，配备可用的最好舞台设备。

建筑的设计和各立面所采用的材料都考虑了建筑暴露在日光下的情形。在这个项目中，伊丽莎白·波特赞姆巴克将建筑的向阳面设计成更加封闭的形式，并在屋顶下方创造了一个通风空间，提高了遮光性。屋顶的太阳能板和风力涡轮机能够产生清洁能源。花园和厕所采用雨水收集系统，而根据盛行风向改变的系统能够为室内提供自然通风。

隔音设计控制和"吸收"外部噪音。各立面采用隔音性瓷砖，而经过认证的可持续性材料也对这座节能可持续项目做出了贡献。

剧院将面向室外开放，允许观众欣赏花园。著名生态工程师兼弗洛里亚诺波利斯的圣卡塔林那联邦大学教授罗伯特·兰贝茨和伊丽莎白·波特赞姆巴克合作设计了该项目的生态及节能设施。

地点／巴西，弗洛里亚诺波利斯
时间／2006（竞标获胜项目，未建）
业主／弗洛里亚诺波利斯法语联盟
项目／设计一栋新法语联盟大楼和文化中心
面积／6000平方米
摄影／2P-伊丽莎白·波特赞姆巴克建筑事务所，耶斯敏·福尔卡德

1 "生活"立面
2 绿化屋顶
3 存储的雨水用于卫生间
4 自然通风
5 太阳能板
6 热泵（火坑式供暖）

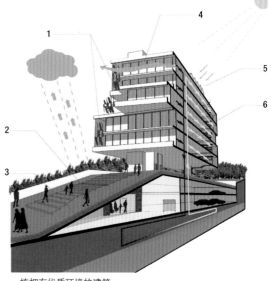

一栋拥有优质环境的建筑

1 教室
2 多功能室
3 剧院

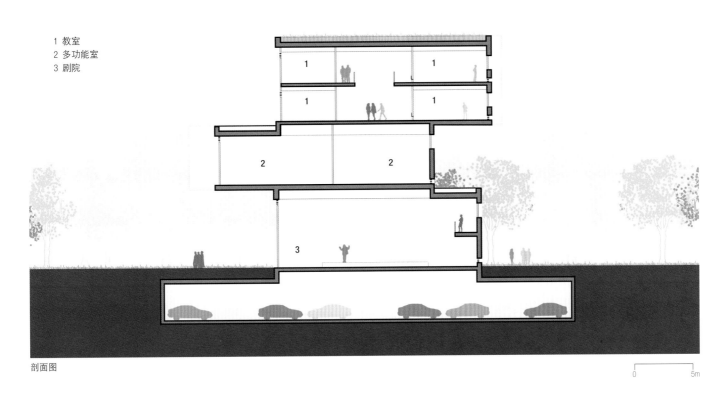

剖面图

0   5m

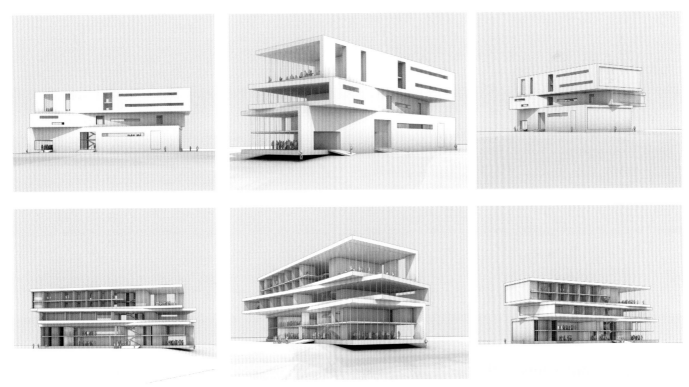

透视图

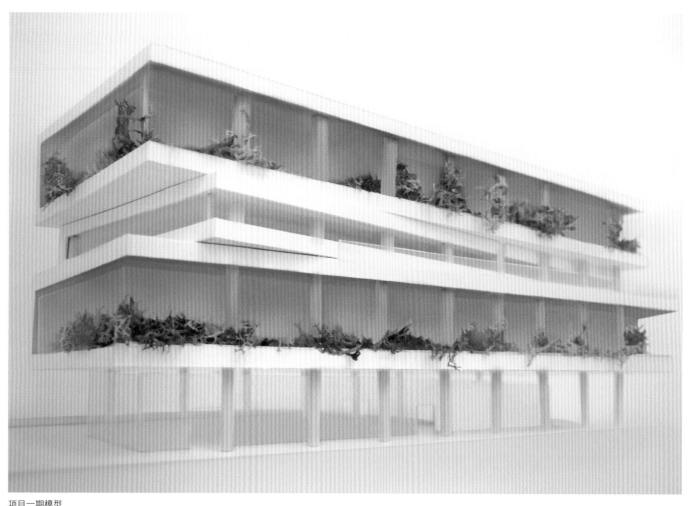

项目一期模型

里约会展中心

里约会展中心展览馆的改建是由伊丽莎白·波特赞姆巴克负责的，她以一种统一的方式将城市和建筑设施与标志联系起来。里约会展中心是拉丁美洲最大的展览中心，是里约热内卢一个非常重要的机构，建立于1975年，其规模远大于实际功能需求。由于这座会展中心包括一系列展览馆，且散布于一个大型场地上，伊丽莎白·波特赞姆巴克提出的解决方案是在各立面采用一种全新的颜色，同时结合方向标志，将不同的展览馆连接在一起，展现出会展中心焕然一新的未来面貌。

所有展览馆都经过了技术性改造，5号展览馆的功能和建筑结构均发生了彻底改变。在此之前，它的房间一直完全与室外隔绝，而改建时增加了窗户，改善了房间的照明。此外，建筑师将一个展览厅和一座礼堂融合起来，形成一个面积达4000平方米的灵活模块大厅，采用允许多种可能组合的隐形隔音板系统。在这座展览馆中，建筑师还改建了一个500平方米的房间。

项目一期结束之后就是重新定义1号展览馆的体量和功能，同时通过修建新建筑（多座办公楼、一座酒店、多座餐馆和多家商店）来重新构建和密集化公园的城市部分。

地点 / 巴西，里约热内卢
时间 / 2006—2008（竞标获胜项目）
业主 / 智奥会展
项目 / 为里约会展中心改建一座展览馆、建筑和标识系统
面积 / 80 000平方米
摄影 / 2P-伊丽莎白·波特赞姆巴克建筑事务所；史蒂夫·米雷

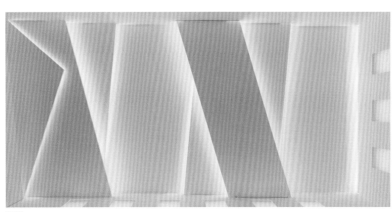

模型

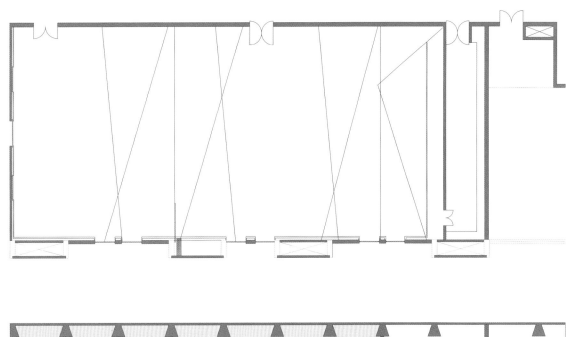

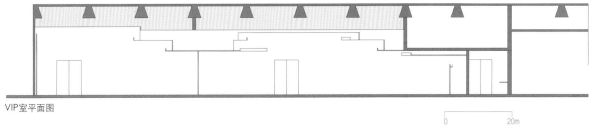

VIP室平面图

0   20m

布尔歇火车站

大巴黎项目包括在城市各处修建多座新火车站。布尔歇火车站将成为巴黎大都市的入口。这个未来的地区城市中心与大巴黎快线相连，与国际机场枢纽相通，并将与大巴黎交通网络完全融为一体。

这座新火车站将成为一个连接区域、地区、全国和国际等不同规模的交通模式的枢纽。它将建立一个更加有效的交通网络，同时通过资源集聚和有效的相互连通创造规模经济。

车站的建筑反映城市和此类建筑的特性。屋顶的动态形式突出了移动性的思想，同样令人想起已经渗入布尔歇历史的航空概念。斜坡尖屋顶能够让建筑适应现场明显的高低差异。

车站的可达性设计直观、有效，并且优化了通向五种不同交通工具的通道。带有一个缓坡的大型前院将同时服务于车站的两层楼，成为一个新城市广场。地下站台的设计完全符合建筑师的"完全灵活"概念，而建筑和屋顶也能从长度、高度和局部宽度上延伸，为未来规划的开发创造了可能。不同形式的交通车站在同一屋顶下相互连接起来，将强调布尔歇车站在正在兴建的大巴黎系统中的标志性地位。

暖色木材结合鲜明的自然存在，共同创建一个友好型的环境。下沉式广场清除了空间是地下室的感觉，而使自然光线渗入地下站台。

对该设施的认识不能局限于它的技术或功能的灵活性和有效性，而应将其视为一个没有忽视人类且充分代表了这座城市的象征性标志。

地点／法国，巴黎
时间／2014—2022（竞标获胜项目）
业主／大巴黎协会
项目／为大巴黎快速铁路网交通系统修建火车站
面积／12 650平方米
摄影／2P–伊丽莎白·波特赞姆巴克建筑事务所

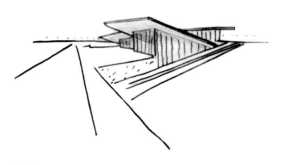

手绘图

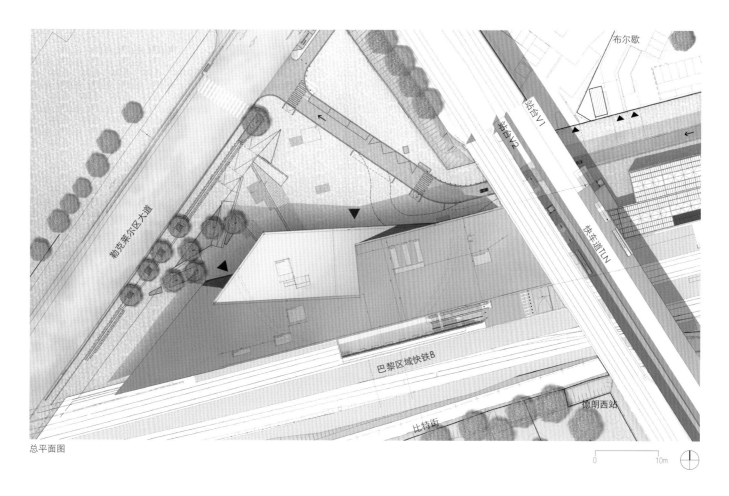

布尔歇

站台V1

站台V2

快车道TLN

勒克莱尔区大道

巴黎区域快铁B

比特街

德朗西站

总平面图

0　　　　10m

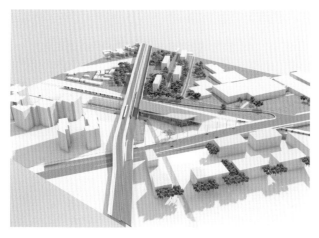

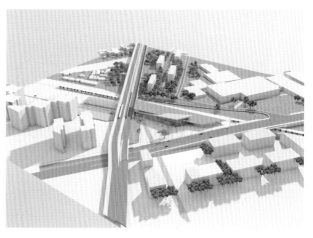

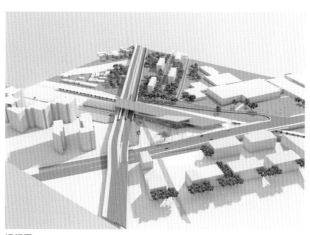

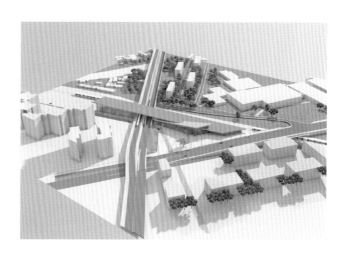

透视图

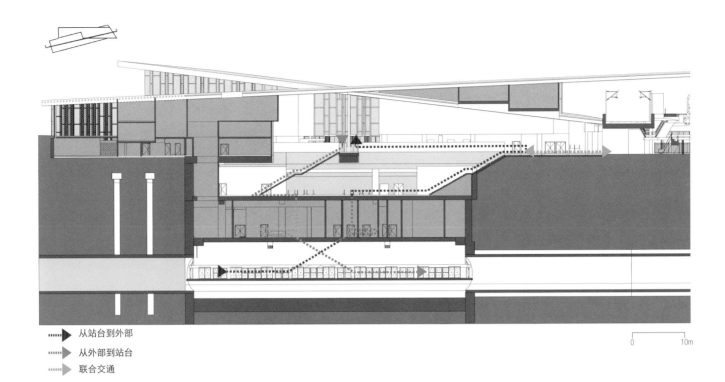

〉 从站台到外部

〉 从外部到站台

〉 联合交通

0　　　　10m

大型文献图书馆

大型文献图书馆（GED）将成为奥贝维利埃大学孔多塞分校的活动中心。

GED建筑由两个非对称体量构成，通过另外两个体量连接，划定了一座被想象成室内公共广场的大型中心室内广场。该空间可通过地面层的室内街道进入。除了作为一座重要的图书馆之外，该项目还兼作一个聚会地点，服务于预期用户和该区那些能够利用建筑本身吸收知识和文化的年轻人。

GED建筑主要采用玻璃和金属板建造，大面积向室外开放，这意味着能够为阅读提供充足的自然光。结构的透明性意味着路过者能够一眼看到一楼所容纳的服务设施，吸引他们探索建筑的内部。

室内和室外空间中无处不在的链接为研究员提供了大量户外设施。内部房间延伸至外部，创造了户外工作空间、露台和阳台。位于项目中心的广场是公众和建筑之间的首个接触点，也是室内、室外空间的首个接触点。

设计上的灵活性为未来在新建的体量内部进行增建提供了机会。露台的设计也考虑了这点。浅灰色楼板和金属阳台深入建筑，以创造一种运动感，并减轻结构的质量。广场将采用棚式顶盖（一种屋顶结构），以在冬季引入自然光和温暖，在夏季提供自然通风，同时通过烟囱排出暖气。屋顶采用大面积的裸露混凝土板，增加建筑的热惰性，从而实现温度调控。建筑上开取各种孔洞，方便在过热的时期里同时采用自然通风和风扇系统。这个系统展示了该项目的"低科技"性质。

地点／法国，奥贝维利埃
时间／2014—2019（竞标获胜项目）
业主／巴黎大区政府
项目／设计和建造奥贝维利埃图书馆，包括45个人文科学和社会科学专用图书室、后勤空间、档案室、储藏室、广场、咖啡馆、书店和多个公共花园
面积／23 060平方米
摄影／2P-伊丽莎白·波特赞姆巴克建筑事务所

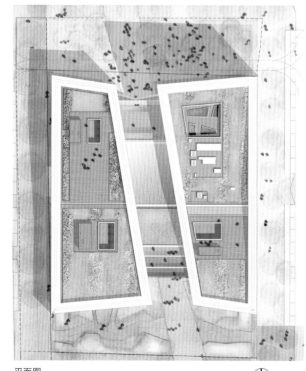

平面图

0　　15m

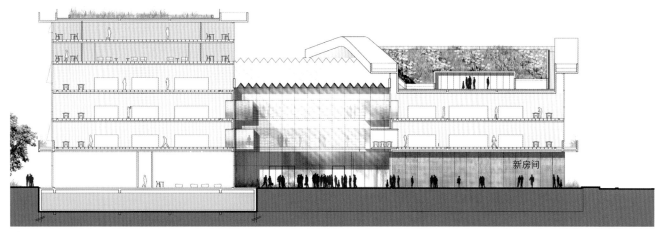

剖面图

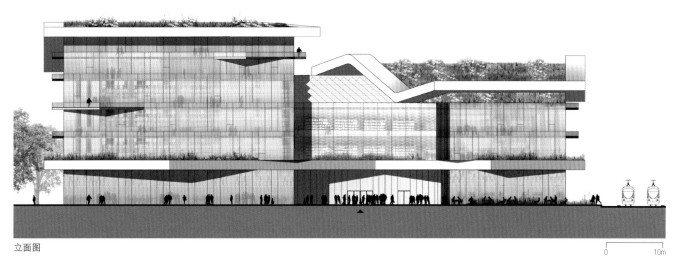

立面图

0　　　　10m

透视图

147

南通艺术博物馆

该博物馆属于一个综合建筑概念的一部分，其中包括在一个湖边公园里修建三个建筑序列。南通市位于长江北岸，邻近中国东海，而博物馆试图反映这种情形。建筑师扩大了湖泊，以使博物馆能够更好地倒映在水面上，就像中国的传统水墨画。可以说水面倒影代表着中国哲学的基础，而这种哲学常常提到自然元素、山水、自然和文化、真实和虚拟、物质和精神之间的互补。

该项目的多样性催生了一种在与现场、城市和访客的对话中创造建筑的整体性和统一性的欲望。这座博物馆被设计成一个村庄，以上部和下部通道将五座建筑连接起来，每栋建筑构成一个统一整体的一部分。展厅设置在四座建筑中，下部的公众通道与连接露台的上部公共通道区分开来。入口展览馆在展馆中心即可见到。

室内和室外空间完全相通。相互联通的室外空间分散在露台和空地上，因各种活动而充满生机。在展厅，展品沐浴在经过精心设计的垂直元素系统过滤后的柔和光线之下。传统材料如石灰粉饰墙面和弧形板岩屋顶以完全现代的方式加以利用，将建筑牢固地固定在其位置上。

地点 / 中国，江苏，南通
时间 / 2017（竞标项目）
业主 / 南通市政府
项目 / 博物馆、会议中心、酒店、会展中心
面积 / 180 000平方米
摄影 / 2P–伊丽莎白·波特赞姆巴克建筑事务所

总平面图

1 大画廊
2 中画廊
3 小画廊
4 设备室
5 卫生间
6 储藏室
7 数字画廊
8 接待厅
9 售票中心
10 保安室
11 医务室
12 博物馆书店
13 书店储藏室
14 礼堂接待处
15 休息区
16 行政办公室
17 主题画廊
18 教育画廊

0   30m

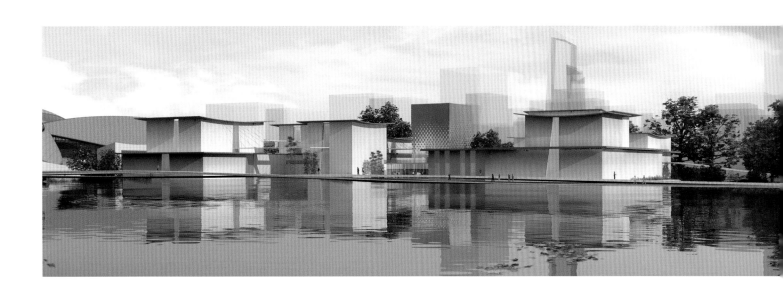

尼姆罗马
文化博物馆

尼姆罗马文化博物馆在现在和两千多年的历史之间建立了鲜明的建筑对话。该项目位于尼姆罗马竞技场的对面，站立在过去将这座中世纪城镇与现代城市隔离开来的旧边界上。

伊丽莎白·波特赞姆巴克的方案建立在对立和互补的基础上。两种类型的几何结构、两种材料和两种形状相互作用。博物馆体态轻盈、晶莹透亮、结构现代流畅，呼应从几百年前传承下来的垂直拱券，后者有着巨大的石砌体量，壮观美丽。这种透明的结构采用横向布料的形式，看起来就像漂浮在现场和遗址公园之上。

在入口大厅和咖啡馆之间，一条宽阔的室内街道将广场与遗址花园和罗马遗址连接起来。这条公共通道（追随古罗马壁垒的遗迹）构成了一个视觉洞口，并提供了通向遗址公园的入口，吸引步行者并将这些历史遗迹（古城的考古遗址）与竞技场遗迹连接起来。在这条通道的中心有一个17米高的中庭，其中能够看到喷泉圣殿入口的遗迹。这座圣殿被认为是尼姆城的首座神殿。一个宗教遗址，经过重建变成了吸引人们前来参观的博物馆。

伊丽莎白·波特赞姆巴克称："竞标项目提出了具体的要求，即修建一座以现代形式呼应罗马竞技场的博物馆。我研究了竞技场，并问自己，一座现代建筑要如何才能与如此强大的古代纪念碑式建筑建立有效的对话。我很清楚的是，这两种元素之间的对话应建立在揭示其不同的对立面上。一边是一个圆形体量，周围是由石材建造并牢固地扎根在地面上的垂直罗马拱券，另一边是一个大型方形体量，看似在空中漂浮，且完全包裹在打褶的玻璃衣袍中，是一座矗立在角斗士竞技场对面的平和建筑。"

地点 / 法国，尼姆
时间 / 2012—2017（竞标获胜项目）
业主 / 尼姆市
项目 / 设计格里尔区的新总体规划；修建罗马文化博物馆；设计遗址花园
面积 / 博物馆9100平方米
摄影 / 2P-伊丽莎白·波特赞姆巴克建筑事务所，瑟奇·于尔瓦，尼古拉斯·伯雷尔，史蒂法纳·拉米伦（尼姆市）

手绘图

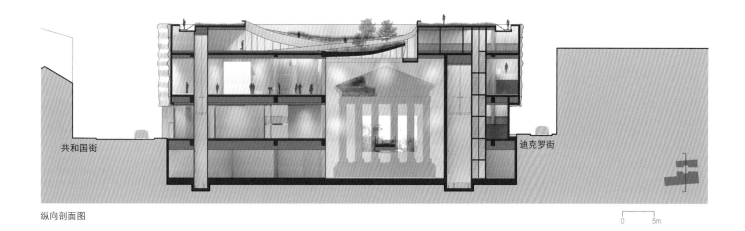

纵向剖面图

共和国街　　　　　　　　　　　　　　　　　　　迪克罗街

0　　5m

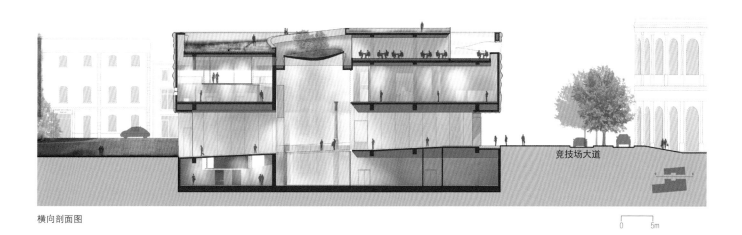

横向剖面图

竞技场大道

0　　5m

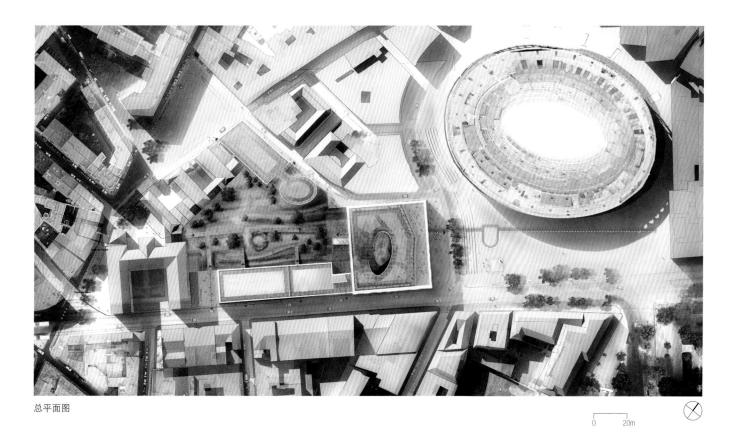

总平面图

0　　20m

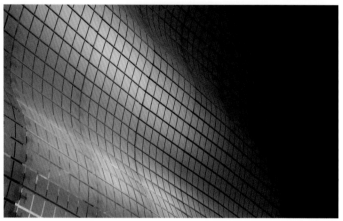

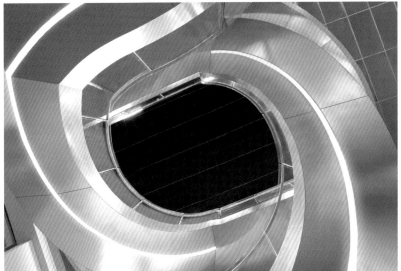

MUSEOGRAPHY—
INTERIOR ARCHITECTURE
室内设计

尼姆罗马
文化博物馆

该室内设计补充并辅助建筑结构。它采用上升步道的形式，从主厅出发，将城市本身引入博物馆的上部空间。从外部看，访客首先会注意的是"香波城堡"式楼梯的大弧形，然后才会在一系列向上延伸的缓坡上从不同角度观看藏品。

这座建筑通过宽窗在博物馆、城市和花园之间建立紧密联系，而访客能够通过窗户向外看向花园和罗马竞技场。在建筑内部，多媒体和视听演示补充并丰富了藏品，让这座古城及其历史的形象更加丰满。步道的逻辑终点位于屋顶露台，在那里能够观看这座具有两千年历史的城市的特别全景：它的建筑和城市形式经历了两千年的变迁。

该博物馆以全面的科学研究为基础，收藏了具有极高历史和美学价值的物品，以一种有趣、全面的方式强调并解释了罗马尼姆的历史。在每个历史时期的开端都安装一个白色透明的结构，以介绍之后的历史时期，同时提供一段舒缓的插曲。博物馆主要展示其丰富多样的藏品，同时又不与其他物品产生冲突。这些演示充分利用结构的空隙、透明和沉稳，诠释了两千年的历史，其中罗马文化构成了城市文化中不可或缺的部分。访客通过艺术、宗教、建筑、日常生活、城市和国内农业、法律和书法，能够在罗马尼姆历史中发现或重新发现西方文化的基础。

地点／法国，尼姆
时间／2012—2018（竞标获胜项目）
业主／尼姆市
项目／博物馆室内设计
面积／博物馆9100平方米
摄影／2P-伊丽莎白·波特赞姆巴克建筑事务所，瑟奇·于尔瓦，尼古拉斯·伯雷尔

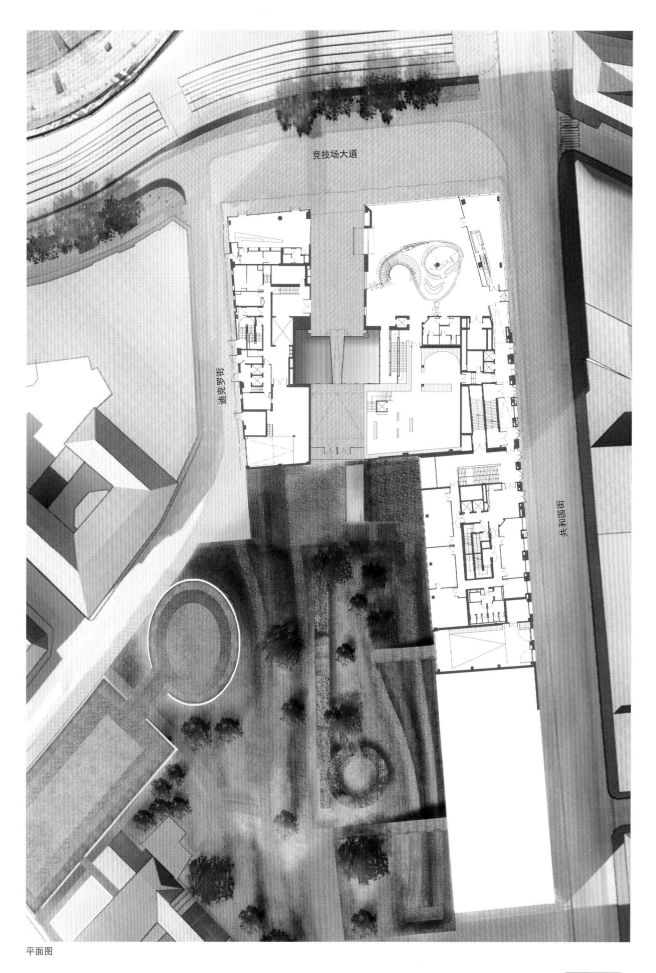

競技場大道

迪克罗街

共和国街

平面图

0   20m

博物馆空间是围绕中庭和尼姆城遗迹而组织的

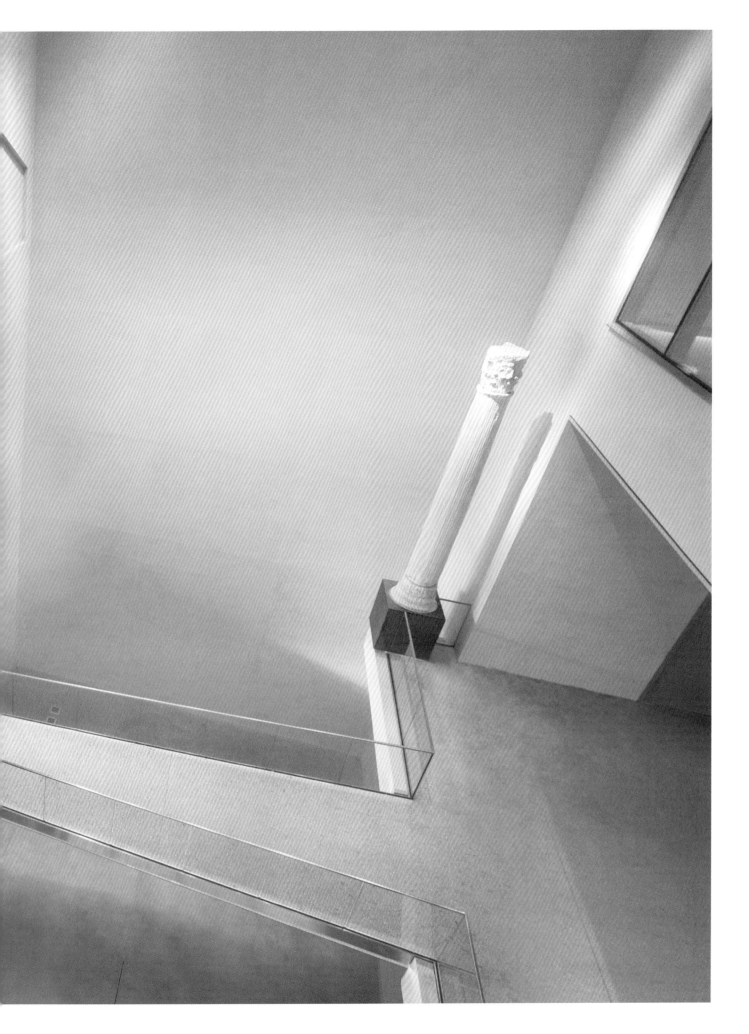

布列塔尼博物馆

布列塔尼博物馆位于克里斯汀·波特赞姆巴克设计的一个区域——一个面积达2000平方米的开放式大高台，里面包括一座图书馆和一个科学中心。为了响应一个宏伟的规划，伊丽莎白·波特赞姆巴克提出了几大主要思想：创造一个在一定程度上延伸了城市本身的博物馆志开放空间；构建一个融入博物馆志的城市词汇表，清晰地区别于最初目的和博物馆提出的教育要求。

为了避免那种分区式的空间类型，该设计没有封闭两栋建筑构成的高台，反而创建了一条开放的步道，就像城市街道一样，连接博物馆两栋建筑的高台与街道、通道、广场和建筑，一起按照城市规划进行组织。

伊丽莎白·波特赞姆巴克在这里完善了她为韩国国家博物馆项目（1994）构思的城市形态概念，并按照相关历史时期进行演示。在布列塔尼博物馆，新石器时期与17世纪末之间以一系列形状和大小不同的盒装形式呈现，令人想到建筑和广场。19世纪的社会和经济生活以室内街道的形式展示，采用一个类似系列住宅的空间装置，从其窗户中可以一瞥该时期的日常生活。

地面和墙体采用中性朴素的材料：地面为灰色混凝土，围墙为白色，第一条通道上的建筑采用中间色——白色和浅灰色，主体建筑则采用天然木材。只有两次世界大战的那部分历史有所不同：它呈现在一个封闭的戏剧性空间里，像是一条隧道，刷黑色涂料，看似与其他时期脱离了。当代时期设置在一个开放且不断发展的广场上。这种演示考虑了不可避免的不断发展的新技术，允许博物馆在未来根据需要对演示进行更新。

地点 / 法国，雷恩
时间 / 1995—2006（设计竞赛获胜项目）
业主 / 雷恩市政府
项目 / 布列塔尼博物馆室内设计
面积 / 2000 平方米
摄影 / 2P–伊丽莎白·波特赞姆巴克建筑事务所，尼古拉斯·伯雷尔，卡马尔·卡尔菲

手绘图

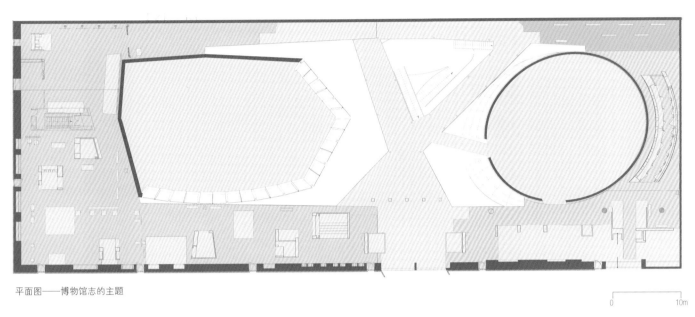

平面图——博物馆志的主题

史前—18世纪末（城市主题：广场和建筑）

19世纪（街道主题）

两次世界大战（隧道主题）

现代结构（广场）

ELIZABETH DE PORTZAMPARC 布列塔尼博物馆

韩国国家博物馆

韩国国家艺术藏品包括不同时期和领域的作品，涵盖史前艺术、不同朝代的中国艺术、日本艺术和韩国艺术。

鉴于藏品的重要性，建筑师花费了好几天时间参观其展品。伊丽莎白·波特赞姆巴克的透视图为时间有限的参观者提供了博物馆藏品的概览。她采用了多种形式，包括窗户、视觉洞口以及各种形状和大小的陈列柜，来展示具有象征意义的重要藏品。这种布局创造了一条主要线路，多条次要和可选线路，参观者可根据自己的兴趣进行选择。

有了这个系统，博物馆原本不受重视的部分被转变成了热闹的步行街道。建筑师沿着这些参观通道按间隔设置一些休息区。参观者可以在漂亮的小型室内热带花园短暂逗留，休息和恢复精力后可以继续参观。

伊丽莎白·波特赞姆巴克的博物馆志融入了一个由基座和展示柜构成的系统，以创造一种令人想到亚洲文化和皮影戏的透视效果。除了传统博物馆照明灯具外，她还采用了散射逆光照明，吸引参观者踏上穿越时间和空间的梦幻旅行。

地点 / 韩国，首尔
时间 / 1994（竞标获胜项目，未建）
业主 / 韩国政府
项目 / 博物馆室内
面积 / 15 000平方米
摄影 / 2P–伊丽莎白·波特赞姆巴克建筑事务所

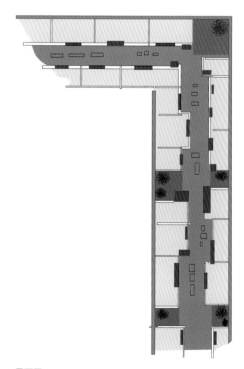

平面图

柏林法国大使馆

伊丽莎白·波特赞姆巴克联合克里斯汀·波特赞姆巴克参加了这座建筑的设计竞赛。从一开始，这个项目就被认为是分离的建筑和室内设计领域之间的永久对话。室内被设计成能够提供最大可能的灵活性，以满足大使馆举办各种官方和仪式活动的需求。

伊丽莎白·波特赞姆巴克试图在法国当代设计和"代表"大使馆的重要需求之间建立联系，创建了多个以艺术、建筑、设计和法国技术构成一个统一世界的室内空间。她在第一个接待厅，也就是宾客进入的地方，采用了18世纪的家具和漂亮的巴洛克式镜子，并使它们与最新作品建立一种对话：弗朗瓦索·鲁昂的多幅艺术品、伊夫·克莱因的几张蓝色和金色的桌子、雅克·马里内斯的花瓶、伊丽莎白·加鲁斯特的灯具以及伊丽莎白·波特赞姆巴克设计的家具，还包括书桌、扶手椅等。大接待厅之一展示了镶嵌在可移动隔断中的乔治·诺埃尔的作品，并铺设了一张50平方米的地毯，地毯呼应乔治的作品，使宾客融入一种独特的艺术和建筑氛围里。

生活艺术体现在这些宽敞的体量的构想以及美丽的空间中，融入了与光线、花园以及室外风光的关系之中。设计师致力于接待厅、会议室、咖啡厅、图书室、大使办公室和住宅的设计。大房间的倾斜吊顶扩展了空间，而玻璃天窗以非常柔和的渐变色调给室内空间注入了活力。家具的斜线和非对称线条给室内带来了运动和轻盈感。伊丽莎白·波特赞姆巴克以高雅的点睛之笔——通过温暖的材料，来创造一个既给人一种积极向上的感觉，又因材料和颜色以及适合艺术作品的灯光而显得可亲的空间。她还设计了一系列特别的家具和物品：大书架、主灯、睡椅、桌子、小地毯、小桌、书桌、扶手椅等。

地点／德国，柏林
时间／1997—2002（竞标获胜项目）
业主／法国外交部
项目／接待区和大使占用空间的室内建筑、家具设计和装饰
面积／1200平方米
摄影／2P–伊丽莎白·波特赞姆巴克建筑事务所，利奥·赛德尔，史蒂夫·米雷，吉蒂·加鲁加尔，尼古拉斯·伯雷尔

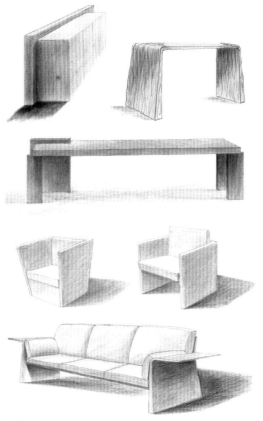

手绘图

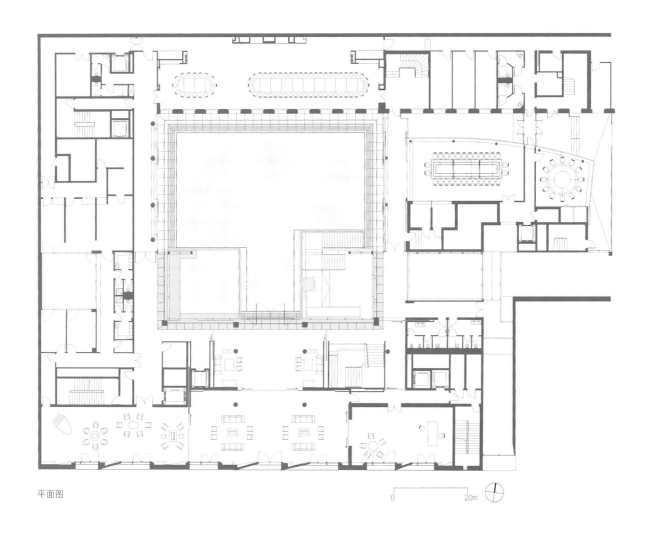

平面图

0   20m

人民联邦银行总部

该项目包括为银行总裁改建专用接待室以及为人民联邦银行集团总部扩建一个露台。该项目的核心思想是创建一个统一的模块系统，创造能够适用于鸡尾酒会或按要求分隔成小房间的完全开放的空间。

伊丽莎白·波特赞姆巴克设计了以一个大型接待空间为中心的四个不同规模的餐厅，角落的处理创造了一种透视效果。最大的餐厅能够容纳30人，一个更小更加私密的圆形餐厅则是为集团总裁设计的。

将餐厅的墙体往后移动即可扩大主接待厅的空间。扩建后的露台像室内空间一样散发出友好的氛围，亚光米黄色石材地面的颜色与室内空间的橡木地板相似。

餐厅的氛围通过不同形状和颜色加以区别，而其他空间则采用相同的材料形成一体——大多采用白色和米黄色木制家具，少量蓝色和亚光金色装饰，以及柔和的间接照明。设计必须为模块式，因此地面、天花板和照明都采用相同的方法。

地点 / 法国，巴黎
时间 / 2003—2005（竞标获胜项目）
业主 / 人民联邦银行
项目 / 改建总统和管理人员餐厅并扩建一座有顶露台
摄影 / 2P-伊丽莎白·波特赞姆巴克建筑事务所，尼古拉斯·伯雷尔，卡马尔·卡尔菲

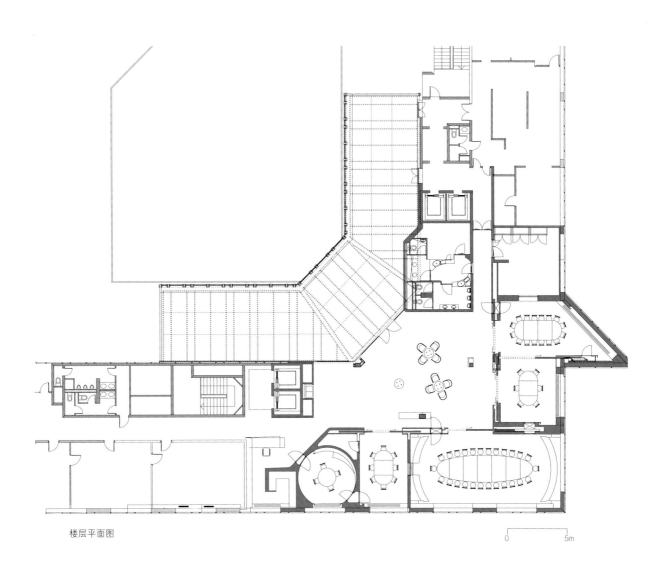

楼层平面图

0　　　　5m

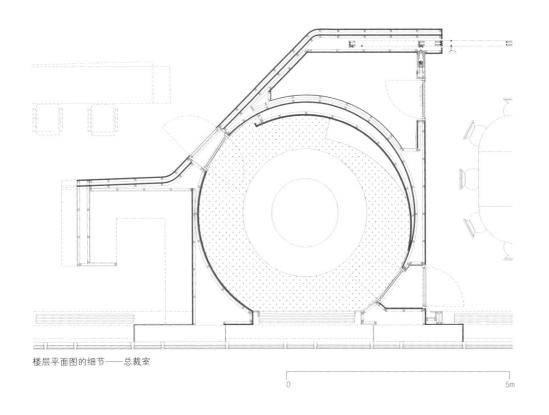

楼层平面图的细节——总裁室

0　　　　　　　　　　　5m

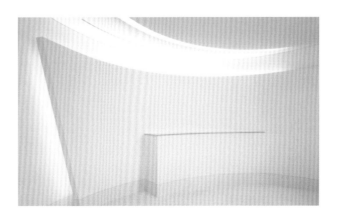

《世界报》
总部大楼

在该项目中，伊丽莎白·波特赞姆巴克考虑了《世界报》记者的特别工作节奏：他们无时无刻不面对最后期限的压力。建筑师创造了各种类型的公共空间，在那里，每个人都能根据当时的心情找到适合自己的一隅。她还创造了具有不同氛围的空间——一个咖啡厅、一个餐厅和一个冬景花园，能够满足不同级别的隐私需求。这里有能够一览无余的空间，也有更加隐蔽的角落和小型封闭式房间——令人感到舒适、有趣和刺激的咖啡厅，让人清醒、冷静但却热闹的餐厅，以及简朴但同时安静如梦的冬景花园。

一个直径为5.5米的圆形中心空间采用明亮而几乎透明的金属网格结构，里面包括咖啡厅的两个小型叠加房间。记者们可以安心地窝在这里，就像缩在蚕茧里。同时采用四种不同色调的红色给予空间一种温暖感。

设计师在长餐厅里延续了这个概念，引入巴黎的广阔视野，并采用门廊强调空间。这个区域因充满生气的"亚光金"材料而变得温暖，里面的大柱子也因这种材料而显得不那么严肃。一种截然不同的氛围给冬景花园注入了活力：花园主题以现代方式呈现，这里有树木，有植物，还有水景。安装在天花板、墙面和柱子上的灯具以雕刻般的方式突出了建筑。

地点 / 法国，巴黎
时间 / 2004
业主 / 布依格房地产开发公司
项目 / 《世界报》总部大楼公共空间的室内设计，以及咖啡厅、餐馆和冬景花园
面积 / 628平方米
摄影 / 2P–伊丽莎白·波特赞姆巴克建筑事务所，尼古拉斯·伯雷尔，卡马尔·卡尔菲，赫维·泰尔尼西安

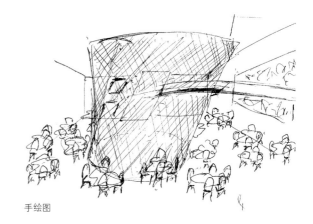

手绘图

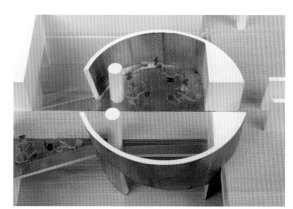

模型

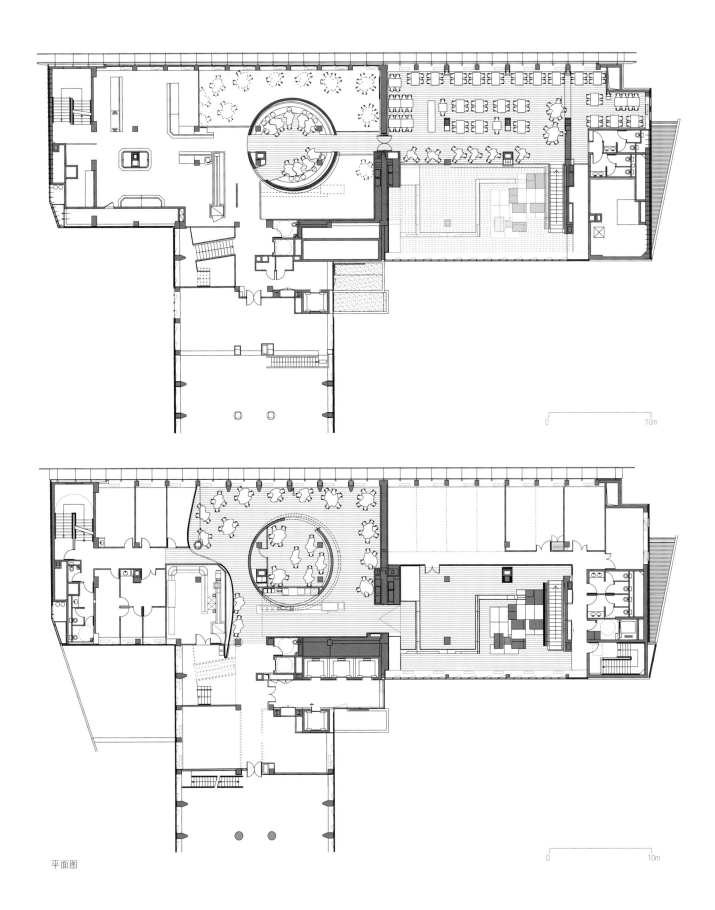

平面图

大进行曲餐馆

伊丽莎白·波特赞姆巴克为大进行曲餐馆做了室内设计、家具、照明、视觉标志。这家餐馆位于巴黎巴士底歌剧院附近。针对这栋两层楼结构，她提出修建一条由系列空间构成的通道，并将其组织成一条室内城市步道，让城市生活得以在餐馆内延续。

五个各有特色的房间拥有各自的空间组织，采用不同的形状、材料和主打色彩。餐馆的形象从入口处即可辨别，用餐者通过倾斜的门廊进入，而门廊墙面采用钛粒子覆面。所有门廊都呈弧形，好似在围绕着一个大型雕塑台阶跳舞。温暖的香槟色间接照明强调了餐馆的建筑结构。大楼梯所在的漂亮天井能够让顾客一览整个餐馆的内容。

尽管餐馆提供了各种类型的空间，其视觉标志的某些共同元素，比如三角形壁龛和椅子的形状，都让人想起"大进行曲"的宏大场面。

地点／法国，巴黎
时间／1999—2000（竞标获胜项目）
业主／FLO集团
项目／翻修室内空间，设计一间新餐馆；家具设计
摄影／2P-伊丽莎白·波特赞姆巴克建筑事务所，吉蒂·加鲁加尔

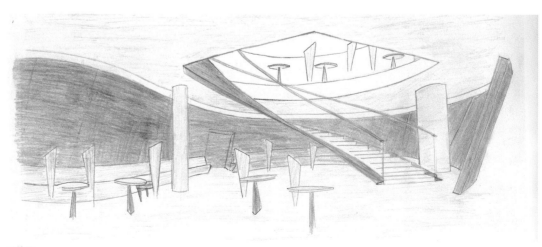

手绘图

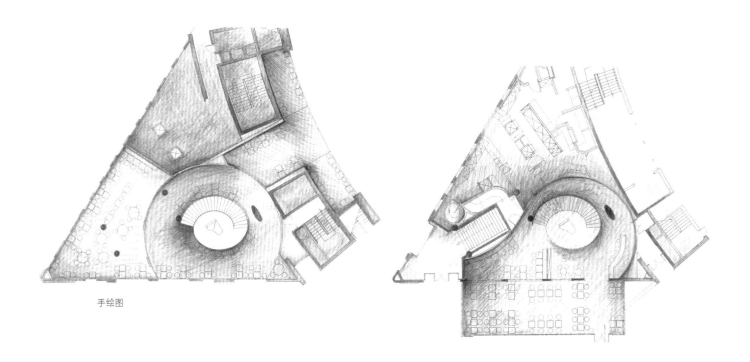

手绘图

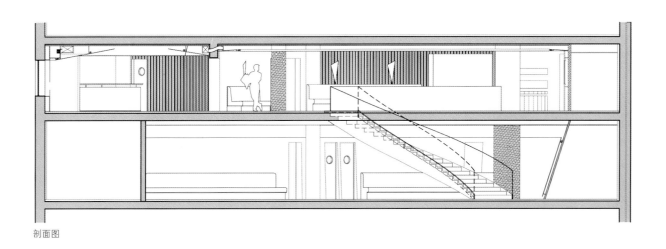

剖面图

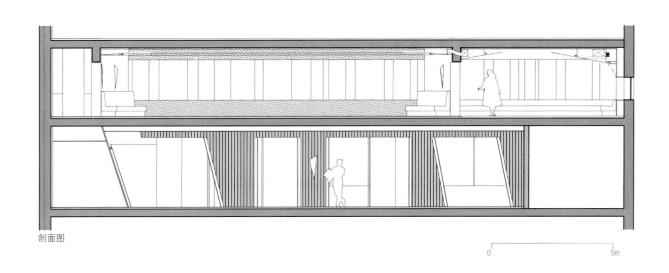

剖面图

0   5m

205

音乐咖啡馆

1994年4月，基尔伯特·科斯特委托伊丽莎白·波特赞姆巴克设计一家可容纳150人的咖啡馆。这家咖啡馆与克里斯汀·波特赞姆巴克设计的音乐城共同坐落在巴黎拉维莱特的一栋综合大楼里。设计概念是为举办音乐会创造一个具有良好音效的舒适环境，配置舒适的矮座椅，并建造一个在整个布局中占据重要位置的大型吧台。

伊丽莎白·波特赞姆巴克设计了一个基于一个长方形的大房间，其中的一面墙弯曲成弧形，呼应正立面的大弧形。她首先确定大房间的骨架后，然后在不同的空间应用不同的隐私和舒适概念，利用舒适的灯光、温暖的材料、柔和梦幻的颜色、舒适的家具和优质的音响来达到她想要的总体效果。

将散射间接照明融入建筑是从一开始就设定的，而创造一种具有从最开放到最私密等不同等级秩序的室内空间也非常重要。一件兼作隔断的中心家具、多根大型长方形木柱和一个安装蓝色窗帘的秘密空间也是该设计的重要元素。同时，天花板的较低部分（除了隔音外）在房间里创造了更多的隐私感。

为了营造一种温暖的氛围，再加上建筑师对木材的偏爱，墙面和家具均采用梨木，地面采用榉木，吧台和背景墙结合木材与深绿色蛇纹石，而大主墙则采用少量玻璃和蓝色灰泥。大主墙从直线形变成弧形，为房间增添了变化的空间。

该项目的温暖氛围有违20世纪90年代的风格，后者更加倾向"金属性"和灯光明亮的空间。音乐咖啡馆广受赞誉，无疑在更广的范围内为酒吧和餐馆设计带来了创新。

地点／法国，巴黎
时间／1994—1995（竞标获胜项目）
业主／基尔伯特·科斯特
项目／现场改建和扩建，室内设计、家具设计和音乐制作舞台设计
面积／1200平方米
摄影／2P-伊丽莎白·波特赞姆巴克建筑事务所，尼古拉斯·伯雷尔

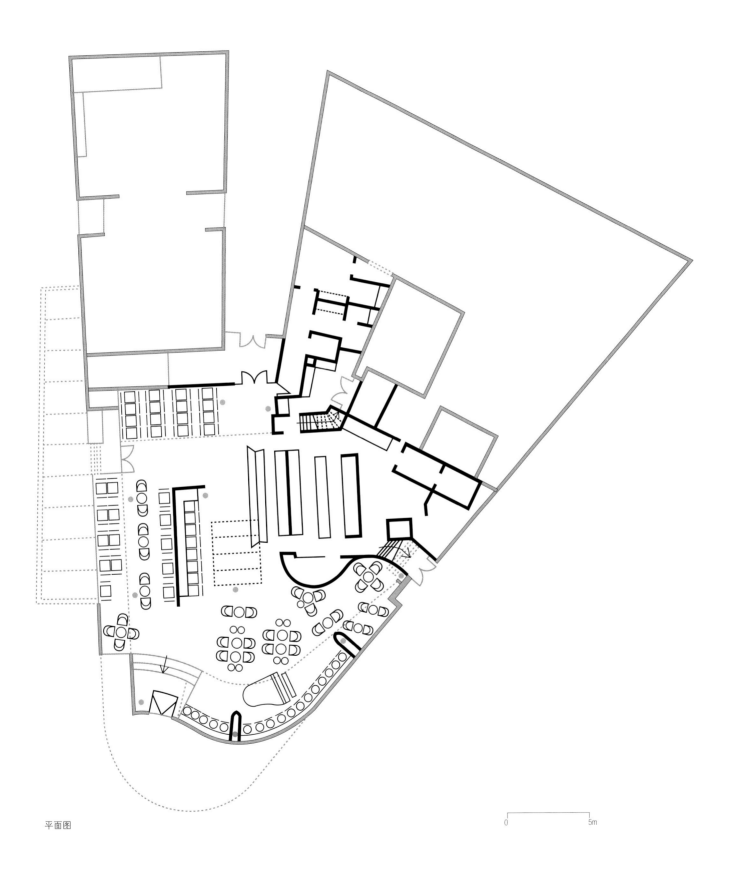

平面图

0　　　　　5m

世界青年日圣坛

为了设计一个符合让-玛丽·吕斯蒂杰心中期待的能够激发宗教热情和鼓励青年交流的舞台，伊丽莎白·波特赞姆巴克构想了一个极其纯粹，极其简单的舞台背景：在圣坛后方的上方安装一个简单的十字架。

毗邻埃菲尔铁塔的战神广场上设置了一个镀锡钢十字架，其背景是一片天然树林。由于宗教仪式是在下午举行，按照构思，太阳落山时，十字架将在舞台上落下拉长的阴影。

在隆尚，伊丽莎白·波特赞姆巴克设计了一个穿孔十字架，旨在让落日的光辉穿过十字架。圣坛、教皇座椅以及舞台上的其他座椅都蕴含同样质朴、极简的思想，采用直线型镀锌钢和令人感到舒适的朴素装饰。

圣坛由一个托盘结构构成，托盘自身折叠，且向一边延伸，直至接触地面。左边，六根高度和直径不同的圆管横跨高台，最终变成吊灯。六根圆管中的三根接触地面，以构成支撑高台的左框架。这些"吊灯框架"的多样性就像音符，创造了一种自由和轻松感，减缓了整体的严肃感。

这种展示的极简特征传达了三个信息：

- 精神:与传统舞台背景的"花招"截然不同的是，这种质朴表现了探求真实和拒绝虚假的精神。这里，框架消失在真实活动的背后，而活动指那些将建立21世纪的年轻人的聚会，年轻人的交流。

- 人道主义:舞台的简单与消费社会的浪费构成对比。该项目展现出来的严格和禁欲代表了对不必要花销的批判以及对基督教兄弟会的暗示。

- 十字架的象征意义:十字架是世界青年日的象征，也是装饰中出现的唯一基督教标志，代表了上帝为了拯救人类而做出的牺牲、兄弟会的本质以及基督教精神的基本价值观。

地点 / 法国，巴黎
时间 / 1997（竞标获胜项目）
摄影 / 2P-伊丽莎白·波特赞姆巴克建筑事务所

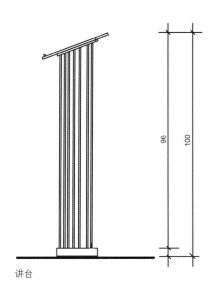

讲台

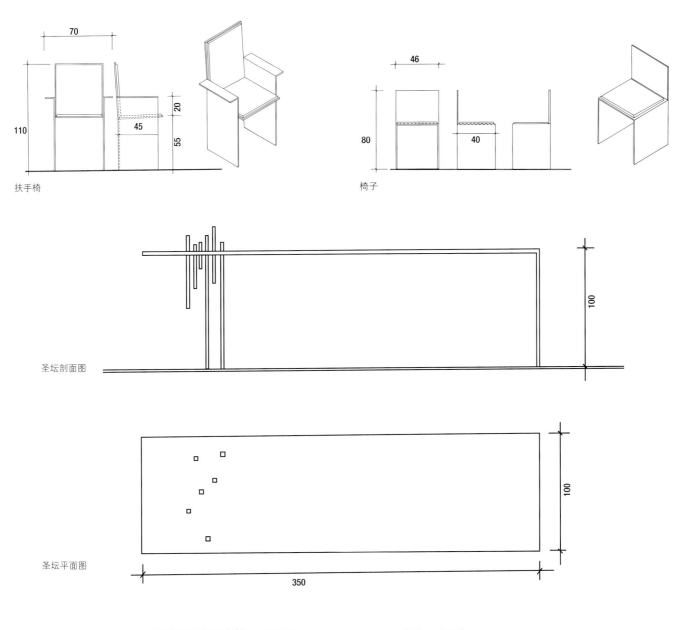

70

110   45   20   55

扶手椅

46

80   40

椅子

100

圣坛剖面图

100

350

圣坛平面图

手绘图

我与工业设计

伊丽莎白·波特赞姆巴克

20世纪70年代末出现了一种渴望改变被视为太"功能化"的形式的思潮。这种思潮带来家具设计的真正变化，激发了人们对设计的全新兴趣。这个时期出现的设计大师，如安德烈·布兰齐、盖塔诺·派西和埃托·索特萨斯将许多家具变成了名副其实的艺术品，增加了一种之前的功能性物品所缺乏的创意元素，同时，也改革了家具行业本身。

20世纪80年代，这些设计师无意中促进了更多雕刻般家具的创造。这些家具具有走向另一个极端的倾向，几乎放弃了所有功能性和人体工程学特征。

我意识到了这些极端倾向，因而试图创造兼具雕塑和功能性特征的家具和物件。轻盈动态的形式是惯例，就像运动的设计思想一样，然而，我在家具设计中并没有放弃人体工程学原则或实际预期用途。

由于对设计的辩论十分热烈，我决定不仅要创造家具，还要创造一个将代表一种宣言，对抗从艺术到建筑和设计等各种领域的创造性作品的画廊。这就是我于1987年在巴黎建立莫斯特拉画廊的原因。我策办了多次主题展览，邀请建筑师、设计师和艺术家创造符合展会精选话题的作品。弗朗瓦索·鲁昂、皮埃尔·布拉格利奥、乔治·诺埃尔、爱德华多·阿罗耶、阿兰·基立里、彼得·克拉森、贝尔纳·维勒、让-皮埃尔·平瑟明、矶崎新、让·努维尔、帕特里克·鲁滨和其他人都参与了这些活动。

在此背景下，我展示了自己的一些作品，包括24小时办公桌（1986年）。同年，24小时办公桌还在卡迪亚基金会和欧洲其他地方、北美和日本进行展示，并被广泛报道。这张办公桌采用MDF（中密度板）制作，而MDF直至当时都主要采用厚板形式，并不适合造型。24小时办公桌需要更薄的板材，而生产更薄的中密度板在当时是一种行业创新。

1997年，我设计了一套被称为赫斯提的城市灯具，其细长的形式跟当时的系统格格不入。施耐德集团开发了一种非常扁平的强大灯具，为我实现自己的设计创造了机会。我很高兴在世界各地的不同城市旅行的过程中重新发现了它。

1997年为波尔多轻轨设计的倒圆锥形月光火炬灯、索拉灯、扎哈1号和2号椅（1994年和1998年），以及蝶耳狗椅（1997年）和组装桌（1989年），它们都因为有效的功能性、人体工程学和舒适性而著名。同样，轻盈动态的设计发挥了重要作用，物件的某些特征或非对称性创造了一种清晰的运动感。

我设计的大多数物品都是在更大型项目的背景下创作的，它们强调了所在空间。我在设计时考虑了它们与空间的特定关系，因为它们将占据空间并给空间注入活力。我的基本设计思想总是因环境而异，且不忘人体工学。

尽管我最喜欢的一些设计至今尚未发表过，比如为柏林法国大使馆设计的云幻灯和"漂亮的新娘"花瓶，但它们在我的设计生涯中扮演着重要的角色。

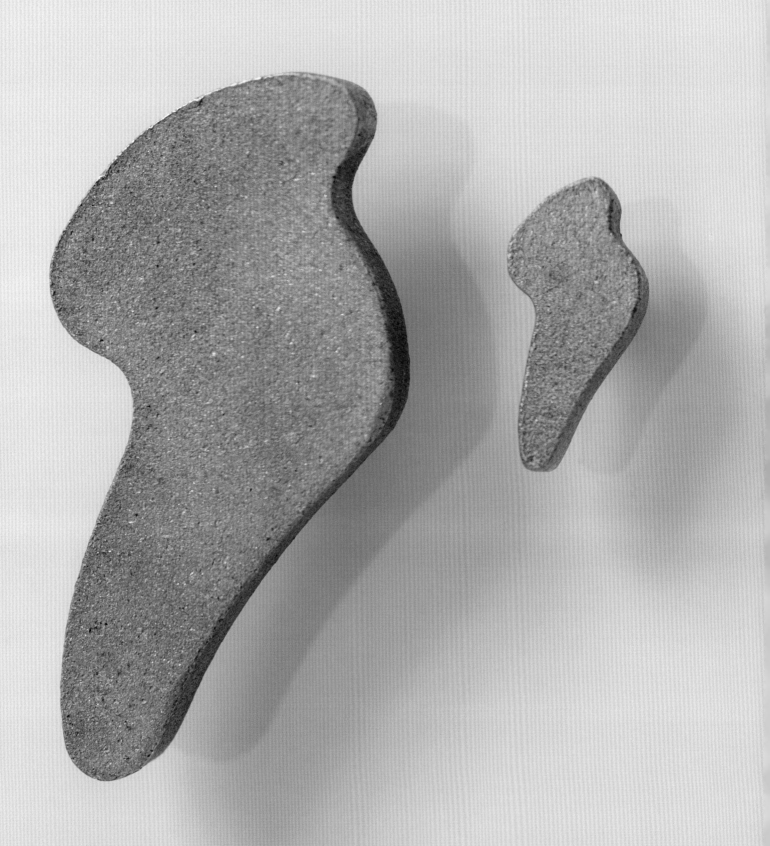

24小时办公桌(1986)

由伊丽莎白·波特赞姆巴克在1986年设计的，之所以被称为24小时办公桌，是因为它具有多种使用方式。小版办公桌可作为客厅或卧室的小桌，但也能变成完美的小办公桌，甚至是化妆台。大版办公桌的规格与一张真正的专业办公桌相同。两个版本的设计都具有最近几十年来经常被忽略的重要功能特征：许多抽屉以及不同的形状。令人惊讶的是，所有这些都包括在一个三角形和一个敞开的大弧形里，而抽屉就像漂浮在空中一般。从设计的整体效果看便是一张几乎没有接触地面的办公桌。

为装饰艺术沙龙展会设计。在卡地亚基金会展示的办公桌采用MDF（中密度板）制作。1988年被法国国家当代艺术基金会购买。

材料：清漆或油漆造型MDF（中密度板），抛光和清漆金属腿及把手。

IBERÊ 抽屉拉手(1986)

抽屉或门拉手，为24小时办公桌的抽屉而设计。

材料：铸铝。

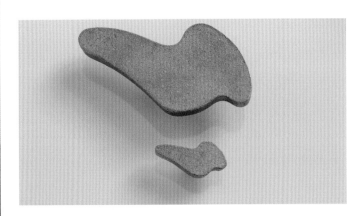

门拉手(1988)

为莫斯特拉画廊设计。

材料：压铸不锈钢。

索拉灯(1987)

一个线条分明的灯柱可提供三种灯光：装饰性发光缝隙；从背面的灯罩处发出的灯光效果；上部的卤素灯。

材料：底座，透明玻璃；柱身，铜绿色钢，管和三角形，磨砂玻璃。

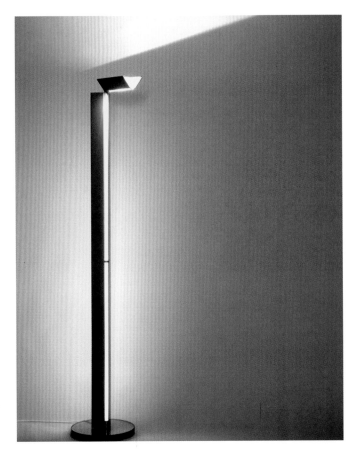

莫斯特拉门把手(1987)
为莫斯特拉画廊的门设计的。三幅不同的线条画在空间里形成一种动态的感觉。
材料：拉丝不锈钢。

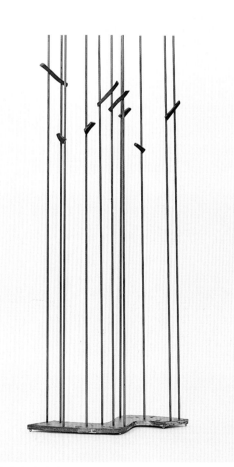

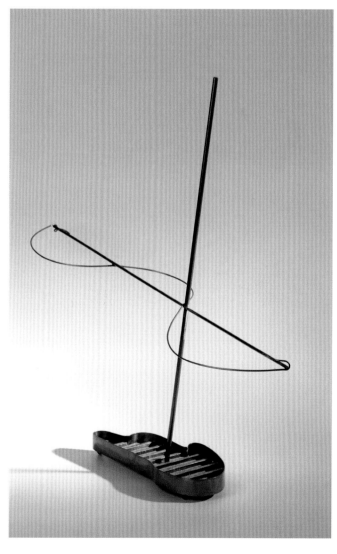

爵士乐外套衣架和伞架(1989)
为法国国民议会设计，属于参赛作品，被法国国家当代艺术基
金会购买（1989）。
材料：钢条加木底座，木挂钩（乌木）和钢条。

组装桌 (1989)

为巴黎的国家国民议会设计。这个"组装"会议桌的形式给人一种极其轻盈的感觉，这主要是因为顶部的线条以及锥形底座。这种桌子的设计适用于多种空间布局——从餐厅到会议桌。顶部和底座能容纳所有必要的设施和设备（电源插座、电子设备和音响设备）。桌面采用以下形状：圆形、椭圆形、椭圆体形、方形和长方形。

材料：木制顶面（MDF或梧桐木）或钢化玻璃（自然或磨砂），金属底座。

峡谷储物柜(1989)

材料：彩色和清漆饰面，玻璃顶面。

扶手椅(1989)

为巴黎的西欧联盟会议室、巴黎拉维莱特的音乐城设计。

材料：脱色（珍珠灰或浅灰）梧桐木结构，皮革或织物衬垫。

办公桌(1989)

伊丽莎白·波特赞姆巴克为巴黎国民议会设计了这张接待桌："EDP"办公桌。它给高级主管办公桌设计带来了一种新的概念，主要表现在轻盈的非对称形式，以及高雅的梧桐木与铜绿色金属的结合上。

这张办公桌虽质朴却引人注目，还极具功能性。人们可以增加一件补充性家具，以容纳常用的办公室设备（电脑、文件、文件柜等）。

材料：梧桐木（桌面），铜绿色金属（腿）。

商标盒(1989)
为莫斯特拉画廊的"票房"展会设计。
材料：梧桐木和蓝钢。

絮弗伦书架(1995)
材料：梧桐木，抛光和清漆钢结构。

信箱(1989)
材料：乌木覆羊皮，黑色玻璃

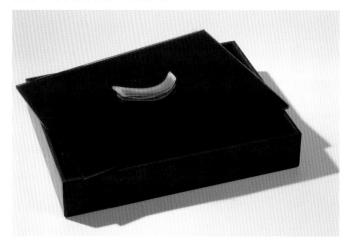

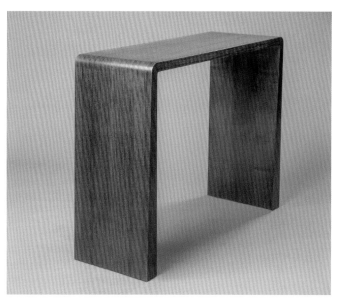

"休闲时尚"小桌(1997)
为柏林法国大使馆设计。
材料：针栎木。

总裁（大使）办公桌(1996)
为柏林法国大使馆设计。
材料：木材（橡木），钛金。

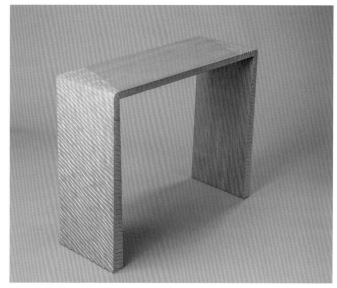

"小人"桌(1997)
为柏林法国大使馆设计。
材料：雕刻橡木。

蜻蜓灯(2000)
材料：两个半贝壳由带阴影丝网印刷纹的超白玻璃，木腿，银色金属饰面

沙丘椅(1996)
为柏林法国大使馆设计。
材料：木框架，丝绒衬垫。

肃静礼堂扶手椅(2013)
为卡萨布兰卡大剧院设计，由柏秋纳·弗洛制作。
材料：实心榉木、清漆饰面，高密度泡沫垫，丝绒衬垫，座位底面采用穿孔吸音板制作。

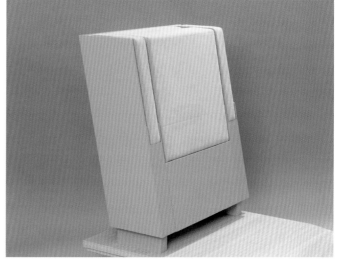

蝴蝶椅(2000)
为柏林法国大使馆设计。
材料：阿尔坎塔拉或白色皮革衬垫，橡木或金属椅背和椅腿。

歌剧椅(2000)
为大进行曲餐馆设计，由柏秋纳·弗洛制作。
材料：木框架，丝绒衬垫。

施特椅(1992)
为音乐咖啡馆设计。
材料：木框架，丝绒织物衬垫。

勃兰登堡扶手椅(1997)
为柏林法国大使馆设计。
材料：木框架（榉木），皮革衬垫。

云状灯(1999)
为柏林法国大使馆咖啡厅设计。
材料：树脂。

扎哈1号和2号扶手椅(1994, 1998)
扎哈2号椅是为大进行曲餐馆设计的，由柏秋纳·弗洛制作。

扎哈2号扶手椅(1999)
为大进行曲餐馆设计的，由博纳齐纳制作。
材料：柳条。

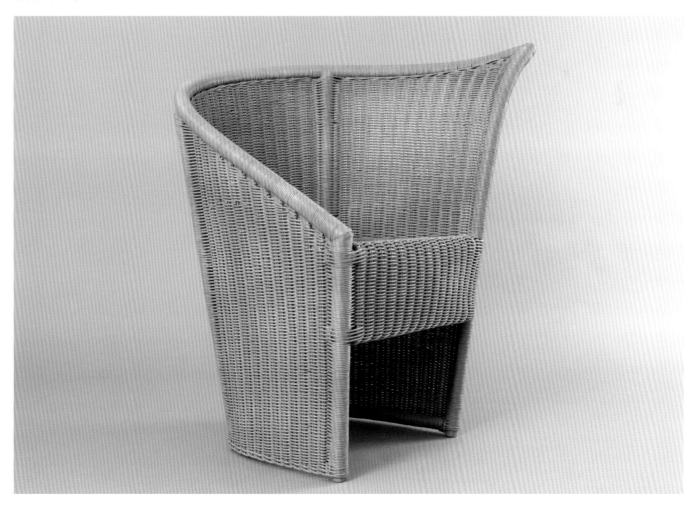

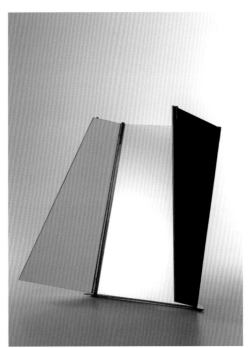

W形双面镜 (1986)
非对称三联镜。
材料：外部为金属、黑色镍，内部为镜子。

沃鲁克斯灯(2004)
为《世界报》总部设计，由拉迪安制
作。
材料：荧光轻金属锥形灯柱。
光源：霓虹灯。

奥利亚灯(1996)
为柏林法国大使馆设计。
材料：底纹磨砂玻璃锥形灯柱，低金属框
架。
混合光源：卤素灯和二色灯。

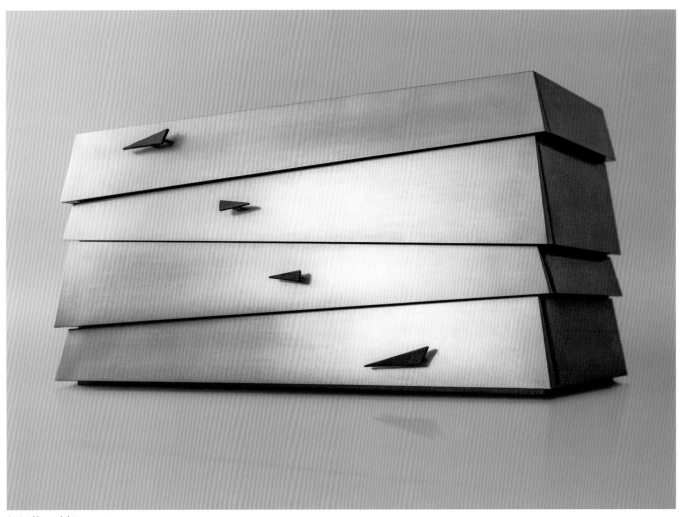

折纸状五斗柜(1986)
1996年为柏林法国大使馆设计。
材料：橡木柜，乌木拉手，外部喷钛粒涂料。

福冈床头柜(2001)
材料：脱色梧桐木。

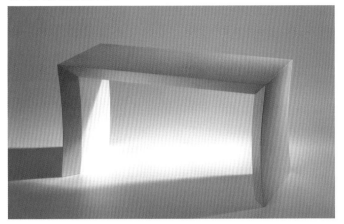

"西西里晚祷"和"落日"小地毯(1997)
为柏林法国大使馆设计。
材料：羊毛簇绒小地毯。

鼹鼠励志笔记本(2008)
为捐助法国囊胞性纤维症治疗协会而举办的拍卖会所设计的展会"励志笔记本"。
伊丽莎白·波特赞姆巴克将自己的"设计师标签"放在这个带有其典型特征——动作感和非对称性——的鼹鼠皮笔记本上。
她加入了一个由鞍皮制作的几何形人物，使用者可以自由移动人物，将其当作书签。
材料：皮革。

里卡德瓶和玻璃杯(2002)
为里卡德的限量版"藏品&美食"设计的插图。
材料：玻璃丝网印刷。

茶具和咖啡用具(1999)

为柏林法国大使馆设计。

材料：茶具用瓷和钛（细节），咖啡用具为雕花玻璃和彩色玻璃。

葡萄酒杯(1999)

为柏林法国大使馆设计。

材料：透明水晶（白色）和红色水晶。

刀架(1990)

为莫斯特拉画廊"反射镜"展览设计。

材料：透明玻璃和黄色磨砂玻璃。

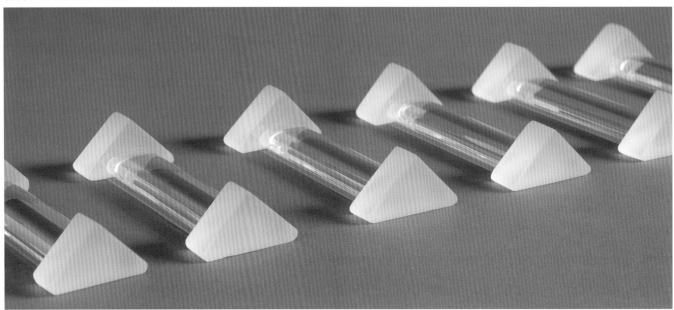

"难以置信的轻盈存在"玻璃水瓶(1993)

为装饰艺术博物馆的"艺术与形式"展会设计。
受"IBERE"门把手启发。
材料：吹制磨砂玻璃，锡制树脂底座。

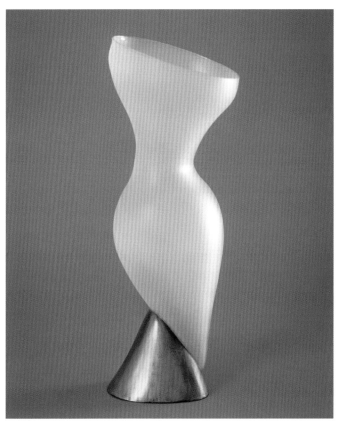

迦南婚礼用双玻璃水瓶(1994)

材料：彩色玻璃底座，白色钢条，两个吹制磨砂玻璃水瓶。

漂亮的新娘"女傧相"花瓶(2000)

材料：透明和乳白色水晶。

漂亮的新娘"卧倒"花瓶(2000)

材料：透明和乳白色水晶。

漂亮的新娘"我愿意"花瓶(2000)

材料：透明和乳白色水晶。

233

巴士雅指环(2004)
材料：白金和海蓝宝石。

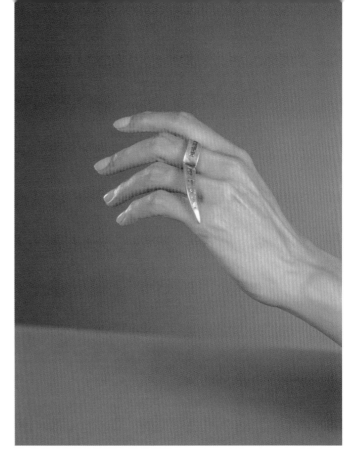

焦特布尔圣洁女神手镯(1992)
材料：印度巴洛克式珍珠和红宝石。

结构模型——金属柱(2009)

多层楼建筑的承重结构，为创建开放楼层空间而设计。
梯形、长方形剖面，高度可根据楼层的数量而变，位置可变。
材料：钢，规格按照负荷要求确定；混凝土填料（防火）；粉末涂层饰面；柯尔顿钢；自然处理木材或复合木板覆面；保温材料。

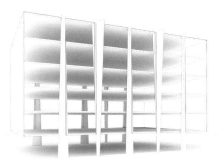

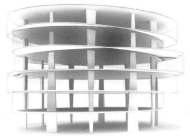

月亮火炬灯(1998)

街灯的圆柱——圆锥形灯柱。为强调波尔多轻轨车站而设计。
这种灯采用质朴流畅的线条，能完美地融入任何环境，主要用于步行区照明，作为间接照明灯具。
材料：柱身为铸铝；乳白色甲基丙烯酸保护器藏于柱身。可选隔室的顶部用一个铸铝盖封闭，而铸铝盖支撑反射镜。

赫斯提灯(1998)

中国天津街灯，由Comatelec制造。
材料：铝和玻璃，LED灯。

赫斯提灯(1998)

韩国首尔街灯，由Comatelec制造。材料：铝和玻璃，LED灯。

图片版权信息

© 2P–伊丽莎白·伯特赞姆巴克建筑事务所；© 若昂·阿塔拉；
© 尼古拉斯·伯雷尔；© 尼古拉斯·比伊松；© 吉蒂·加鲁加尔；© A. 乔达姆；© R. 吉列莫特；© 卡马尔·卡尔菲；© 史蒂夫·米雷 © 施耐德；© 赫维·泰尔尼西安；© 瑟奇·于瓦尔

建筑师与城市规划师：
伊丽莎白·波特赞姆巴克

作为建筑师和城市规划师，伊丽莎白·波特赞姆巴克设计的建筑成为支持新价值观的建筑象征，以及巧妙地构建并占据所在位置的强大城市地标。

尼姆罗马文化博物馆、奥贝维利埃的大型文献图书馆以及布尔歇的快速铁路车站面向城市及其居民，被设计成"适宜居住"的地方，在那里，人们可以轻松地做出自己的设计。她的建筑设计创造了令人激动的地方空间，提高了使用者的生活质量。

她应用自己有关城市和都市身份的思想和经验，设计出提高所在环境的质量的设施。她的设计作品采用朴素、轻盈和流线型的结构，以轻盈的体量以及节俭的形式和材料为基础，注重采用双重采光并与自然紧密联系的空间，由此而营造出一种氛围，传达清晰可辨的集体价值观，并建立与城市环境之间的开放对话。

她运用社会和建筑的双重方法，将社会、城市和生态方面的要求与最佳形式的构造结合起来，这种一贯手法在她创作的各种规模的作品中一目了然。她的项目具有创新的灵活性——建筑布局的设计能够在建筑和城市两个层面促进社交性，极其重视整体空间的相互连接。

作为大巴黎国际研讨会的会员，她继续其在三十年前就已经开始的对地方特性、社区生活和区域链接的探索，因此对当前有关如何建造都市的思潮做出了重要贡献。在这个框架内，她还对综合功能及可持续和灵活预制住宅提出了开创性方案。

除了建筑师、城市规划者和布景设计师外，她的公司还拥有一个专门从事环境和社会问题研究的跨专业团队（由社会学家和政治科学学院毕业生构成）。

竞标获胜项目

建筑和城市规划

2017	台中情报指挥中心（中国）
2017	浦东科学大厦（中国）
2014	大巴黎快速交通的标志性铁路，布尔歇RER（法国）
2014	孔多塞分校的大型文献图书馆，奥贝维利埃（法国）
2012–2017	罗马文化博物馆，尼姆（法国）
2010–2016	亚特斯蒂斯大西广场街区，马西（法国）
2006	弗洛里亚诺波利斯法国文化中心（巴西），未建
2007–2014	里约会展中心，里约热内卢（巴西）
2007–2008	摩纳哥离岸扩建项目，摩纳哥公国放弃的项目
1997–2007	波尔多轻轨，车站和城市景观装置

博物馆项目

2012–2018	罗马文化博物馆，尼姆（法国）
2008–2011	让·科克托博物馆，芒顿（法国）
1995–2006	布列塔尼博物馆，雷恩（法国）
1996–2006	自由领域文化中心，雷恩（法国），儿童科学实验室
1995	韩国国家博物馆，首尔（韩国），未建

室内设计

2005–2007	校园法国兴业银行，拉德芳斯站（法国）
2003–2005	人民联邦银行总部，巴黎（法国）
2001–2002	官方杂志名人堂，巴黎（法国），未建
1999–2000	大进行曲餐馆，巴黎（法国）
1997–2002	柏林法国大使馆（德国）
1996–1999	格拉斯法庭（法国）
1994–1995	音乐咖啡馆（法国）
1989	国民议会大厦，巴黎（法国），信息中心

建筑和城市规划

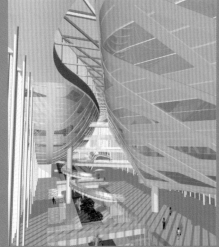

加拿大魁北克大图书馆 (2000)

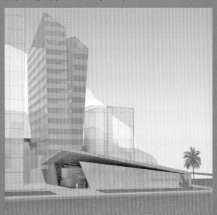

巴西拉戈亚1(2003)

摩纳哥C宫殿 (2005)

法国布伦住宅楼 (2006)

巴西拉戈亚2(2006)

黑山共和国海滨开发(2007)

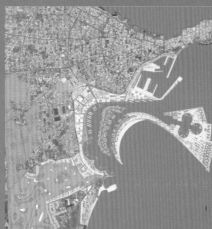

突尼斯马赫迪耶(2007 - 2008)

法国阿尔比大剧院 (2009)

巴西格罗里亚酒店(2008 - 2009)

摩洛哥凯悦酒店大厦——竞技场(2009)

巴西纳塔尔桥(2009)

巴西格罗里亚码头 (2010)

法国巴涅奥莱大厦(2011)

法国博维西剧院 (2012)

中国秦皇岛 (2013)

法国图卢兹会展中心 (2011)

法国吕埃-马尔迈松住宅楼(2012)

巴西法国文化中心 (2006 - 2011)

摩洛哥安法住宅 (2012)

巴西奥德布雷赫特住宅大楼 (2013)

法国新隆尚赛马场 (2011)

法国波尔多轻轨(1998-2013)

巴西SESC奥萨斯科文化社交中心(2013)

法国阿尔伯特·卡恩博物馆 (2012)

法国万沃住宅楼(2013)

法国香槟区五星级酒店 (2014)

239

法国克里希办公楼和酒店 (2014)

法国默东森林项目 (2015)

法国马西亚特斯蒂斯大西广场街区(2011 - 2017)

美国迈阿密花园大厦 (2014)

法国漂浮池塘区(2009 - 2016)

巴西里约会展中心(2007-2014)

法国梅茨光之桥住宅楼(2010 - 2016)

法国尼姆罗马文化博物馆 (2012-2017)

黎巴嫩米内特胡恩 (2014)

法国圣珀赖因医院 (2016)

巴西和法国预制紧急住宅 (2004 - 2017)

摩洛哥安法五星级酒店 (2015)

韩国温泉山庄 (2016)

中国浦东科技馆 (2017)

法国蝴蝶住宅 (2015)

摩洛哥博吉·阿提亚里大厦 (2017)

中国台湾台中市情报指挥中心(2017)

中国南通博物馆 (2017)

法国大型文献图书馆 (2014-2019)

法国布尔歇火车站 (2014 - 2022)

博物馆项目

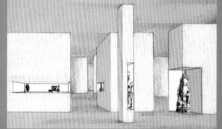

韩国国家艺术博物馆 (1995)

美国纳尔逊·阿特金斯博物馆 (1998)

法国布列塔尼博物馆(1995 - 2006)

法国世界青年日圣坛 (1997)

自由领域文化中心儿童科学实验室 (1996 - 2006)

法国让·科克托博物馆(2008 - 2011)

法国尼姆罗马文化博物馆(2012 - 2018)

室内设计

法国莫斯特拉画廊 (1988)

法国国民议会信息中心 (1989)

法国音乐咖啡馆 (1994 - 1995)

法国国家高级音乐和舞蹈学校 (1996)

荷兰蒙特百代电影院 (1997)

法国格拉斯法庭 (1996 - 1999)

德国柏林法国大使馆 (1997 - 2002)

法国女子埃斯皮奥那商店 (1998)

法国大进行曲餐馆 (1999 - 2000)

法国大号导管——接待厅 (2000)

法国《世界报》总部 (2003—2004)

法国人民联邦银行总部(2003—2005)

法国校园法国兴业银行 (2005—2007)

法国加恩大厦 (2007)

法国蒙帕纳斯大厦(2009)

法国男子埃斯皮奥那商店 (2012)

工业设计

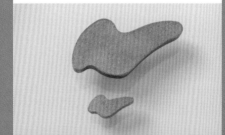

"IBERÉ"抽屉/门拉手(1986)

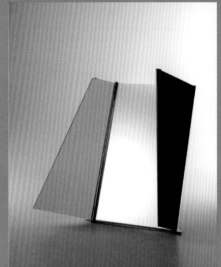

W形双镜 (1986)

"索拉"灯 (1987)

"24小时"办公桌 (1988)

门把手 (1988)

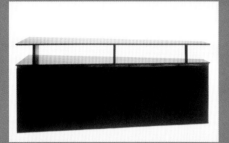

"NOSSO"橱柜(1988)

组装桌 (1989)

"峡谷"储物柜 (1989)

"EDP"办公桌 (1989)

"IP"扶手椅 (1989)

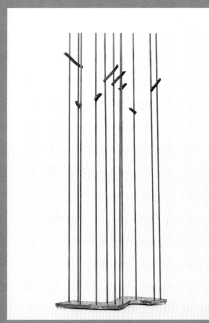

"爵士乐"外套衣架(1989)

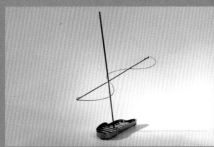

"爵士乐"伞架 (1989)

"信"箱(1989)

"商标"盒 (1989)

"焦特布尔圣洁女神"手镯 (1992)

"施特"椅(1992)

"难以置信的轻盈存在"玻璃水瓶 (1993)

"迦南婚礼"双玻璃水瓶 (1994)

"扎哈1号"扶手椅 (1994)，由柏秋纳·弗洛制作

"云状"灯 (1996)

"沙丘"礼堂扶手椅(1996)

"总裁"办公桌 (1996)

"奥利亚"灯 (1997)

243

"扎哈2号"扶手椅 (1999)，由柏秋纳·弗洛制作

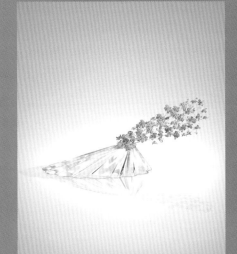

"漂亮的新娘"花瓶 (2000)

"歌剧"椅 (2000)，由柏秋纳·弗洛制作

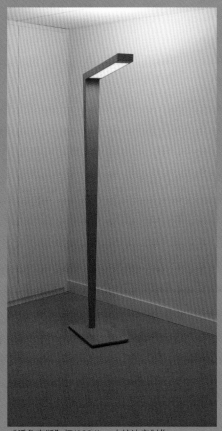

"沃鲁克斯"灯(2004)，由拉迪安制作

里卡德限量版瓶和玻璃杯 (2002)

鼹鼠笔记本 (2008)

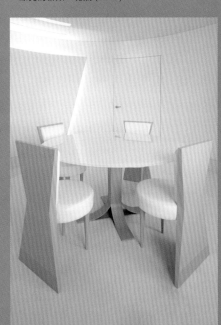

"蝴蝶"椅 (2000)

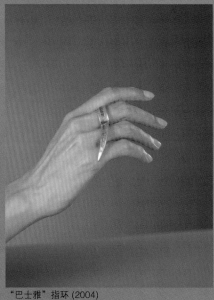

"巴士雅"指环 (2004)

结构模型 (2009)

"福冈"床头柜(2001)

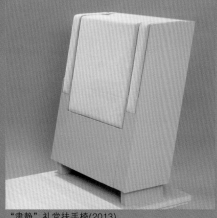

"肃静"礼堂扶手椅(2013)

主要著作

伊丽莎白·波特赞姆巴克著作

Plaidoyer pour le respect des contextes. *Cher Corbu. Douze architectes ZZ à Le Corbusier.* Editions Bernard Chauveau, Paris, November 2014 (pp. 28, 29).

The new architecture signs. Editorial critique. *The Plan Magazine* (Italy), no.88, March 2016, pp. 7–10.

La Biennale vue par Elizabeth de Portzamparc. Editorial pour la biennale de Venise. *Archistorm.* no. 79, June 2016, p. 67.

La Nouvelle Architecture. *(Re)Construire la ville sur mesure.* In-Situ, Biennale de Caen. Editions La Découverte, Caen, October 2016, pp. 76–81.

收录了波特赞姆巴克设计项目的作品集

Boony, Anne. *Les années 80.* Les éditions du Regard, Paris, 1989.

Jodidio, Philip. *Architecture Now!* Editions Taschen, Cologne, Paris, NewYork, 2001.

Kjellberg, Pierre. *Le mobilier du XXe siècle. Dictionnaire des créateurs.* Editions l'amateur, Paris, 1994.

Michel, Florence. *Best of Europe: Office—AIT.* Collection lumière urbaine, Comatelec, 2004.

Mollard, Claude. *L'art de concevoir et gérer un musée.* Editions Le Moniteur, 2016, pp. 39, 203, 204, 241.

Newton, Hannah. Les Grandes Marches. *Restaurant decors.* 2002, pp. 222–7.

波特赞姆巴克项目研究

Les Champs Libres/Musée de Bretagne, Architecture et muséographie. Editions CMA-GTB, Paris, 2006.

Ambassade de France à Berlin. Editions Internationales du Patrimoine, Paris, 2010.

展览

Des mains de maître. Musée Seibu, Tokyo, 1989.

Coiffeuse 24 heures. *MDF, des créateurs pour un matériau.* Fondation Cartier pour l'art contemporain, Paris, 1989.

7 créateurs français. Caisse des Dépôts et Consignations, Paris, 1990.

Box office. Galerie Mostra, Paris, 1990.

La collection des collections. Fondation d'Art contemporain, La Défense, 1991.

Design et architecture: un dialogue. Galerie Citroën, Amsterdam, 1992.

Arts et formes. Musée des arts décoratifs, Paris, 1994.

Visions for Offices, Hotels and Shops. Contractworld, Hanover, 2002.

Cent femmes pour la vie. Editions Artcurial, Roussy, 2003.

Tramway, le livre. Editions de la CUB, Bordeaux, 2004.

Attali, Jacques. *Une brève histoire de l'avenir.* Editions Hazan, Musée du Louvre, September 2015.

杂志

Fillon, Odile. Styles '87, *Archicrée,* no. 216, February/March, p. 118.

Maison Française, no. 409, September 1987, p. 71.

Tendances au salon du meuble de Paris. *Intramuros*, March/April 1988.

La courbe. *City*, no. 40, March/April 1988.

Tiroirs secrets.*Maison Française*, April 1988.

À la mode. *Huis et Intérieur* (Holland), May 1988.

Vos petites affaires. *Newmen*, no. 6, June 1988.

Pulse. Tracé intérieur. *Interior*, no. 106, July/August 1988.

Matière en Vogue. *Maison et Jardin*, no. 345, September 1988.

Thon, Carole. Elizabeth de Portzamparc: les ailes de l'imagination. *Maison Française*, no. 420, October 1988, p. 112.

Mostra. *Galeries magazine*, no. 27, October/November 1988.

6 stylistes dessinent nos vies - Elizabeth de Portzamparc. *Cosmopolitan*, no. 180, November 1988.

Galeries et showrooms parisiens. *Architecture Intérieure Crée*, December/January 1989.

Glistranieri in Casa. *Casa Vogue* (Italy), no. 204, January 1989.

Christian e Elizabeth de Portzamparc. *Casa Vogue* (Italy), no. 208, January 1989.

Moblerpavag mot 90-talet. *Damernas Varld* (Denmark, Finland, Norway), no. 1, January 1989.

Pour une femme originale. *Vogue*, December/January 1989.

Mostra. *Intramuros*, no. 22, January/February 1989.

Mostra. *L'architecture d'aujourd'hui*, February 1989.

Galerie Mostra. *La Maison*, May 1989.

Galerie Mostra. *City*, no. 50, special edition, March 1989.

A la claire fontaine. *Maison et Jardin*, no. 351, March 1989.

Expositions. *Vogue Décoration*, no. 20, May/June 1989.

Création en chambre. *Maison et Jardin*, no. 354, June 1989.

Legros, Hervé. Nocturne Paris-Beaubourg. *Beaux Arts*, June 1989.

International design, Mostra. *Intramuros*, no. 25, July/August 1989.

International design, Mostra. *Intramuros*, no. 26, September/October 1989.

Vedrenne, Élisabeth. Design: Patchwork. *Beaux Arts*, no. 73, November 1989.

Quatrième Nuit Paris-Beaubourg. *Regart Expo*, no. 4, November/ December 1989.

Porte-manteau Jazz. *Architecture Intérieure Crée*, December/ January 1990.

Oeuvres et papiers. *Canalmanach*, December/January 1990.

La galerie Mostra à l'heure du bureau. *Espace Bureau*, December/January 1990.

Pour une politique de recherche et d'édition. *Intramuros*, December/January 1990.

Le tracé intérieur. *Intramuros*, no. 28, January/February 1990.

Fleurs Couchées, *Cosmopolitan*, no. 195, February 1990.

Porte-parapluie Jazz. *Architecture Intérieure Crée*, February 1990.

Phelip, Olivia. Le design à tout prix. *Maison et Jardin*, February 1990.

Bureau 24 heures. *Paris Match*, March 29, 1990.

Détournements mineurs. *Intramuros*, March/April 1990.

Objets trouvés. *Signature*, no. 230, March/April 1990.

Ardouin, Catherine. Transparence et légèreté. *La Maison de Marie Claire*, April 1990.

Planétaire. *Espace Bureau*, no. 3, June 1990.

Mise en boîte. *Maison et Jardin*, July/August 1990.

De Santis, Sophie. Elizabeth de Portzamparc: l'éloge de la rigueur. *Figaroscope*, no. 14,328, September 19–23, 1990.

En vrac, Meubles d'artiste. *City*, October 1990.

Galerie Mostra. *L'Atelier*, no. 3, September/October 1990.

Baudot, François. Carnet de notes. *Elle*, no. 2334, October 1, 1990.

Galerie Mostra. Art au quotidien. *Paris magazine*, no. 41, October 1990.

Galeries. *Jardin des Modes*, November 1990.

Darmon, Olivier. Le mois d'Elizabeth de Portzamparc. *BAT*, no. 129, November 1990.

Galerie Mostra. *Museart*, no. 5, November 1990.

Rangements, où les installer ? *Maison Française*, no. 441, November 1990.

Elizabeth de Portzamparc. *L'Express*, no. 245, January 10, 1991.

La passion des intérieurs. *Almanach de la femme*, January/ February 1991, p. 42.

Meubles/Immeubles. *L'Homme et l'Architecture*, no. 7, January/ February 1991.

Bacs Publics. *Maison et Jardin*, no. 370, February/March 1991.

Expositions. *Archinews*, February/March 1991.

Homthta toy Antikeimenoy. *Maptioe* (Greece), March 1991.

Massiv auf dem Holzweg. *Arcade* (Germany), no. 2, March 1991.

Premoli, Francesca. Carte d'Artista. *Vogue Italia* (Italy), March 1991.

Meubles/Immeubles. *L'Homme et l'Architecture*, no. 9, March 1991.

Fauteuil public. *Maison Française*, no. 444, March 1991.

Copacabana im Büro. *Ambiente* (Germany), no. 4, April 1991.

Schreibtisch 24 heures. *Mobel und Wohnraum* (Germany), no. 4, April 1991.

A la Croisée de l'Art décoratif. *Marie Claire Maison*, April 1991.

Galerie Mostra. *Figaro Japan*, no. 13, May 1991, p. 53.

Les meubles de la cité : pour un nouveau design. *Déco Magazine*, July/August 1991.

Zoom et Accessoires. *Design Chronique*, no. 19, September/ November 1991.

Porte-manteau Jazz. *Intramuros*, October 1991.

L'Art dans ses meubles. *Maison et Jardin*, no. 377, October 1991.

Réalités du Design–Tracé intérieur. *Courrier des Métiers d'art*, no. 107, November 1991.

L'incroyable légèreté de l'être. *Arts et Formes*, May 1994.

Histoire d'eau. L'incroyable légèreté de l'être. *Men's Club*, no.1, July 1994.

Café de la musica. *Diseño interior* (Spain), no. 61, September 1995.

Jodidio, Philip. Portrait. *Connaissance des Arts*, no. 521, October 1995.

Bramly, Serge. Les frères Costes: Auvergnats et mécènes. *Vogue Hommes*, no. 184, November 1995, p.106.

Jodidio, Philip. Le café de la musique. *Connaissance des Arts*, no. 523, December 1995, p. 104.

Elizabeth de Portzamparc–Café de la Musique à Paris. *L'Architecture d'Aujourd'hui*, no. 302, December 1995.

Tasma Anargyros, Sophie. Fenêtres ouvertes sur l'architecture. *Intramuros*, no. 62, December/January 1996, p. 32.

Restabelecendo Padrões. *AU* (Brazil), April/May 1996.

Le Café de la Musique. *Architecture intérieure Crée*, no. 270, May 1996.

Zimmermann, Annie, Dietrich, Ute. Café de la Musique. *Bauwelt* (Germany), no. 38, October 11, 1996.

Ambassade de France à Berlin par Christian et Elizabeth de Portzamparc. *Connaissance des arts*, no. 548, March 1998.

Sisa, Nedim. Elizabeth de Portzamparc. *Mimarlik* (Turkey), May 1998.

Le geste «verre» vu par 16 créateurs à la FNAC. *Formes de luxe*, June 1998.

Nouvelles avancées pour le tramway. *Le Moniteur*, July 31, 1998.

Le tram à Bordeaux. *AMC Annuel*, no. 91, September 1998.

Bruxelles, Bordeaux, nouveaux tracés. *D'A*, no. 86, September 1998.

Nobre, Ana Luiza, Leonidio, Otávio. Elizabeth de Portzamparc: Entrevista. *AU* (Brésil), no. 80, October/November 1998, p. 31.

Comoli, Florence. Elizabeth de Portzamparc, artiste et designer. *Dépêche Mode*, no. 122, October 1998, p. 139.

Arquiteta Brasileira faz fama na França. *Claudia* (Brazil), October 1998.

Le «geste verre» vu par 16 créateurs. *La revue vinicole internationale*, October 1998.

Le tramway à Bordeaux. *Technique et architecture*, October 1998.

Synave, Catherine. Elizabeth de Portzamparc: l'esprit de rigueur. *Maison Française*, no. 497, December/ January 1999, p. 142.

Camacho, Marcelo. O chique austero. *Veja* (Brazil), no. 17, April 28, 1999, p. 112.

Cornuz-Langlois, Nicolas. La poésie urbaine des Portzamparc. *Paris sur la terre*, no. 4, May 2000, p. 37.

Synave, Catherine. Un canapé sinon rien. *Maison Française*, no. 507, September 2000, p. 150.

Badie, Louis. Aux Grandes Marches. *B.R.A.*, no. 232, October 2000, pp. 20, 21.

Des Marches à escalader d'urgence. *Atmosphères*, no. 42, October 2000, p. 14.

Binet, Violaine. Grimper les marches. *Vogue,* December/ January 2001.

Duhalde, Bénédicte. Les Grandes Marches. *Intramuros*, no. 92, December/January 2001, p. 24.

Pilotis sur Seine. Espace lumière. *Architecture Intérieure*, no. 301, January 2001, pp. 98–103.

Michel, Florence. Substances intérieures. *AMC*, no. 112, January 2001.

Carpentier, Vincent. Portrait. *Metropolitan Home* (USA), January/ February 2001.

Duhalde, Bénédicte. Territoire tramway. *Intramuros*, no. 93, February/March 2001, pp. 46, 47.

Les Grandes Marches: luxe, calme et volupté. *Archinews*, March 2001, pp. 24–7.

Duhalde, Bénédicte. Elizabeth de Portzamparc: la légèreté. *Paris capitale*, no. 68, March 2001.

Scott, Chris. Grand gesture. *Frame* (Holland), no. 19, March/April 2001, p. 14.

Baudot, Françoise, Verchère, Laure. Poltrona Frau passe à table–Elizabeth de Portzamparc. *Elle décoration*, no. 106, April 2001.

Premoli, Francesca. A Parigi:ristorante alla moda. *Elle Décoration* (Italy), no. 4, April 2001, p. 169.

Asmar, Aline. Le nouveau siècle dans l'escalier. *Déco magazine*, no. 4, April/June 2001 pp. 38–41.

Schräge Sache. *AD* (Germany), no. 25, April/May 2001.

Vedrenne, Elisabeth. Elizabeth de Portzamparc, l'art de l'éclectisme. *L'Œil*, no. 526, May 2001, p. 12.

Sturz, Gerald. Forelle in Futur. *H.O.M.E.* (Germany), May/June 2001.

Hall d'acceuil Canal+. *Formes et structures*, no. 135, June 2001, p. 10.

Archi'texture, no. 2, June 2001, p. 100.

Brasserie Les Grandes Marches. *Dialogue magazine*, no. 48, June 2001 pp. 88–95.

Moura, Éride. Imóvel tombado na praça da Bastilha ganha formas contemporâneas. *Projeto design* (Brazil), no. 256, June 2001, pp. 87–91.

Elizabeth de Portzamparc: Architecture and Composites, the feminine touch. *Environment & composites*, June 2001.

Les (nouvelles) Grandes Marches. *Nova magazine*, September 2001.

Lenfant Catherine. Elizabeth de Portzamparc. *Grandes Écoles Magazine*, no. 6, September 2001.

Bizot, Véronique. Elizabeth de Portzamparc. *Palais*, no. 5, November/December 2001, pp. 27, 45.

Meywald, Ulrike. Glamouröser Auftritt, restaurant 'Les Grandes Marches'. *DBZ* (Germany), no. 12, December 2001, p. 193.

Les Grandes Marches. *This City*, no. 11, Winter 2001.

Auf der Showtreppe–Brasserie Les Grandes Marches in Paris. *AIT* (Germany), no. 6, 2001, pp. 96–101.

Les Grandes Marches, la brasserie du XXIe siècle. *Archi-design*, no. 12, 2001, p.19.

Une brasserie du XXIe siècle. *Le Moniteur*, 2001.

Musée de la civilisation Bretonne. *Archinews*, April 2002.

Vedrenne, Élisabeth. Ritratto di Elizabeth de Portzamparc. *Audrey* (Italy), no. 27, May 2002, pp. 76–83.

Metzer, Dagmar. Schrägnachoben, Frankreichs Design-darling. *Petra* (Germany), May 2002.

De Calan, Laurence. Elizabeth de Portzamparc: archi-reconnue. *Figaro Madame*, May 2002.

Piaut, Jeannette. Brasserie Les Grandes marches: Fuerza, suavidad, confort y movimiento. *Ambientes* (Spain), no. 30, December 2002, pp. 88–91.

L'esprit brasserie - Les Grandes Marches. Connaissance des arts, hors série, no. 187, 2002, pp. 26, 27.

Caille, Emmanuel. Ambassade de France à Berlin. *D'Architectures*, no. 127, March 2003, p. 40.

Per Wey Zum Licht. *Bauwelt* (Germany), no. 10, March 2003, p. 12.

Schulz, Bernhard. Haüser. *Baumeister* (Germany), April 2003, pp. 18, 19.

Jodidio, Philip. La nouvelle ambassade de France à Berlin. *L'Œil*, no. 549, July/August 2003, p. 32.

Vedrenne, Élisabeth. L'Ambassade de Berlin. *Connaissance des Arts*, no. 607, July/August 2003, p. 58.

Jodidio, Philip. Les techniques de l'aménagement urbain. *La gazette des communes*, no. 549, July/August 2003.

Moura, Éride. Volumes, aberturas, galerias e jardins resolvem programa complexo. *Projeto design* (Brazil), no. 282, August 2003, p. 69.

Gars Chambas, Marylène. Recevoir. *L'officiel*, no. 881, December/January 2004.

Hall d'accueil de Canal+ par Elizabeth de Portzamparc. *Formes et structures*, no. 135, January 2004.

Les dessous du tramway. *Intramuros*, no. 210, March/April 2004.

De Castro, Mario. Le pur style XVIIIe cohabite furieusement avec le tramway du troisième millénaire. *Maison Française*, no. 529, April/May 2004.

De Calan, Laurence. Christian et Elizabeth de Portzamparc. *Maison Madame Figaro*, no. 38, July/August 2004, p. 12.

Faustini, Marcelo. Interior Spaces as an Urban Journey, photoreportage. *Interior Architecture of China* (China), no. 20, August 2004, pp. 138–41.

Mitterand, Désirée. Elizabeth de Portzamparc, une vision subtile et dynamique. *Helvetissimmo* (Switzerland), no. 18, September/October 2004, pp. 54–7.

Leloup, Michèle. Un tramway signé design. *L'Express Mag*, no. 73, October 2004, p. 73.

Trelcat, Sophie. Bordeaux : le tram redéfinit les espaces publics. *L'Architecture d'Aujourd'hui*, no. 355, November/December 2004, pp. 96–9.

Santini, Sylvie. Elizabeth et Christian de Portzamparc refont « Le Monde ». *Paris Match*, no. 2900, December 2004, p. 12.

Chessa, Miléna. Le Monde grave une page de son histoire dans le verre. *Batiactu.com,* December 2004.

Feloneau, Laure. Bordeaux, site sensible. © *Bordeaux*, Fall/Winter 2004, p. 10.

Coatalem, Jean-Luc. Spectaculaire, le complexe des Champs Libres regroupe trois espaces culturels.

Géo, no. 311, January 2005, pp. 114, 115.

Nouveau siège du Monde. *D'Architectures*, no. 143, January/February 2005, p. 44.

Onfield, Jean-Michel. Un aménagement en adéquation avec les fonctions d'un tramway contemporain. *Route Actualité*, no. 193, February 2005.

Querrien, Gwenaël. Bordeaux au fil du Tramway. *Archiscopie*, no. 49, April 2005, pp. 14–16.

Salvy, Eglé. Elizabeth de Portzamparc, Talentueuse Carioca. *Atmosphères*, no. 87, April 2005, p. 114.

Leloup, Michèle. Berlin: la coûteuse ambassade. *L'Express*, no. 2805, April 4–10, 2005, p. 58.

Roulet, Sophie. Refaire « Le Monde ». *Architecture intérieure*, no. 319, April/May 2005, pp. 110–15.

Gleizes, Serge. Elizabeth de Portzamparc, profession: funambule. *AD*, no. 49, May 2005, p. 38.

Le dur de Berlin. *Les dossiers du Canard Enchaîné*, no. 96, July 2005, p. 71.

Hamam, Nadia. Un tramway nommé design. *TGV mag*, no. 76, July/August 2005, pp. 92, 93.

Olivero, Cécile. Le séjour selon Elizabeth de Portzamparc. *Résidences Décoration*, no. 58, September/October 2005.

Tout le mobilier urbain des stations de tramway. *Maires de France*, supplement to the no. 180, September/October 2005.

Namias, Olivier. Les stations, une signature ! *D'Architectures*, no. 150, November 2005, p. 34.

Lefort, Maria. Archi News. *AD*, no. 55, February/March 2006, p. 42.

Brovelli, Olivier. Bretagne universelle. *L'info Métropole,* no. 148, March 2006.

Moura, Éride. Linguagem sinuosa e grandes vãos unificam espaços diferenciados. *Projeto Design* (Brazil), no. 314, April 2006, pp. 72–7.

Leloup, Michèle. Champs d'honneur. *L'Express*, no. 2857, April 6–12, 2006, pp. 58, 59.

Architectes/décorateurs. *Rest'ho news* special edition no. 3, May 2006, p. 124.

Prat, Franceline. Épures temporelles. *AD*, no. 58, June 2006, p. 126.

Moura, Éride. Portzamparcs vão do edifício à museografia, em espaço cultural. *Projeto design* (Brazil), no. 320, August 2006, pp. 64–79.

Déménagement à Berlin. *L'Express*, no. 2942, November 22–28, 2007.

Leloup, Michèle. Monaco, une ville sur l'eau. *L'Express*, August 21, 2008, pp. 58–60.

Le Menton de Cocteau. *L'Express*, August 28, 2008, p. 25.

Vida longa ao Largo. *Veja Rio* (Brazil), November 5, 2008, p. 38.

Angel, Hildegard. Elizabeth de Porzamparc, a mulher que desenha cidades. *Revista domingo* (Brazil), February 8, 2009, p. 80.

Queiroz, Araci. Uma casa-jardim. *Arquitetura e Construção* (Brazil), March 2009, p. 60–3.

Queiroz, Araci. Entre Paris e Rio de Janeiro. *Casa Claudia* (Brazil), May 2009, pp. 136–9.

Carquain, Sophie. 8 personnalités passées au rayon vert. *Figaro Madame*, May 2009, pp. 40, 41.

Elizabeth de Portzamparc, une brésilienne archi-bretonne. *Elle Bretagne*, May 30, 2009.

Arquitetura racionalista, com formas esculturais puras e jogos de volume que se opõem ou se misturam. *A Magazine* (Brazil), no. 19, June 2009, pp. 104–8.

Office of Le Monde/Musée de la Bretagne. *French Interior Design*, February 2010, pp. 22–5, 126–9.

Christian de Portzamparc a mis 20 ans pour passer de Coislin à l'Amphithéâtre. *Metz en parle*, October 13, 2011, p. 6.

Parc des Expositions de Toulouse. *D'Architectures*, no. 203, October 2011.

Menton, Musée Jean Cocteau. *Archiscopie*, no. 110, February 2012, pp. 16–9. Cœur de ville.

Le projet de la Place du Grand Ouest se dessine. *Vivr'Atlantis*, no. 3, April 2012.

Elizabeth et Christian de Portzamparc, duo gagnant pour la Romanité à Nîmes. *Le Moniteur*, June 22, 2012, pp. 34, 35, 89.

Nîmes, deux mille ans d'histoire vous contemplent. *Le Point*, no. 2077, July 5, 2012, p. 34.

Les nouveaux habits de la romanité. *Le Journal des Arts*, July 6/ September 6, 2012, p. 23.

Concours pour le Musée de la Romanité de Nîmes. *D'Architectures*, n° 210, July/August 2012, pp. 27–9.

Musée de la Romanité de Nîmes. *Wettbewerbe Aktuell* (Germany), August 2012, pp. 19, 20.

La Romanité de Nîmes. *Intramuros*, no. 162, September/October 2012, p. 26.

L'opposition constructive. *Archistorm*, no.56, September/ October 2012, pp. 57–62.

Le musée face aux Arènes. *Diagonal*, no. 186, October 2012, p. 4.

Portzamparc, le double de talent. *Paris Match*, no. 3307, October 2012, p. 26.

Entre muitas disciplinas. *AU* (Brazil), no. 225, December 2012, pp. 68–70.

Le futur Musée de la Romanité pour les Portzamparc/Quartier Atlantis-Massy. *AMC—Une année d'architecture en France*, December/January 2013.

Elizabeth de Portzamparc: Musée de la Romanité à Nîmes. *Archistorm*, no. 58, January/February 2013, p. 81.

Olhar Múltiplo. *Casa Vogue* (Brazil), January 2013, pp. 108, 109.

Elizabeth de Portzamparc. *Projeto, Wish Casa* (Brazil), March 2013, p. 58.

Musée Albert Kahn, Boulogne-Billancourt. *AMC*, no. 224, May 2013, pp. 30–5.

Logement, comment innover : Construire des tours à bas prix. *Journal du Dimanche*, no. 3488, June 30, 2013.

Oscar Niemeyer, architecte d'un siècle. *Architecture d'Aujourd'hui*, special edition July 2013.

Concours Calligaris Camondo. *Intramuros*, no. 169, November/ December 2013.

Massy Atlantis/Tramway de Bordeaux/Bassins à Flot de Bordeaux/Casablanca les Arènes/Musée de la Romanité. *L'architecture de votre région—Île-de-France*, no. 256, February 2014.

Musée de la Romanité de Nîmes. *L'Art-vues*, February/March 2014.

Elizabeth de Portzamparc. L'Espionne. *NDA Magazine*, no. 17, April/May/June 2014.

Musée de la Romanité. *Vivre Nîmes*, June 2014.

Arquiteta franco-brasileira Elizabeth de Portzamparc recebe medalha do Senado francês. *Arcoweb* (Brasil), June 12, 2014.

Elizabeth de Portzamparc. *Passion Brasil, Neoplanete*, no. 39, Summer 2014.

Espace, temps, énergie : nouveaux horizons de la condition urbaine. *Stream*, no. 3, Autumn 2014.

Elizabeth de Portzamparc, projets. *Habitat* (Brazil), no. 213, Autumn 2014.

Musée de la Romanité, une reprise en sous-oeuvre à tiroirs. *Le Moniteur*, February 13, 2015.

Le Corbusier e il destino di un mito. A tribute. *Progettare*, March 2015.

Chatrier, Marie-France. Elizabeth de Portzamparc, portrait. *Paris Match*, April 2015, pp. 96, 97.

Le Musée de la Romanité, fenêtre sur chantier..., *Vivre Nîmes*, June 2015.

Massy: nouveau coeur de ville. *Le Point*, June 4, 2015.

Elizabeth de Portzamparc. Focus. *Whitewall*, Summer 2015.

Musée de la Romanité : visite du chantier. *La Gazette de Nîmes*, July 30, 2015.

Elizabeth de Portzamparc, carioca parisienne. *Le Journal du Grand Paris*, November 2, 2015.

Les premières oeuvres entrent au musée de la Romanité. *La Gazette de Nîmes*, December 17, 2015.

Entrez dans le Musée de la Romanité. *La Gazette de Nîmes*, December 24, 2015.

Elizabeth et Christian de Portzamparc: «Pour l'instant, le Grand Paris est un collage.» *Grand Paris Développement*, December 2015.

Les Gares du Grand Paris Express—Gare du Bourget. *AMC*, January 2016.

La Gare du Bourget, exposition «Les Passagers du Grand Paris Express». *Le Moniteur*, March 2016.

Un nouveau musée archéologique. *Parcours des Arts*, June 2016.

Une mission pour moderniser le littoral. *Le Moniteur*, July 15, 2016.

Un symbole de paix en face des Arènes. *La Gazette de Nîmes*, July 28, 2016.

Massy veut devenir la capitale dus du Grand Paris. *Le Moniteur*, September 24, 2016.

Le vestige du propylée a pris place. *Vivre Nîmes*, September 2016.

La Rome française s'offre son musée. *Le Figaro Magazine*,

October 2016

Froidefond, Antoine. Les architectes redessinent les gares pour transformer les quartiers. *Le commercial Provence*, October 22, 2016.

Une façade haute couture. *La Gazette de Nîmes*, November 3, 2016.

Musée de la Romanité : le face-à-face architectural prend forme. *Vivre Nîmes*, November 28, 2016.

Portrait d'agence. *Archistorm*, December 2016.

Le Bourget paré au décollage. *Objectif Grand Paris*, December 2016, pp. 116–19.

Le Musée de la Romanité, une façade unique. *Revue Vivre Nîmes*, December 2016, pp. 14–16.

Une bibliothèque bioclimatique pour 2019. *Décideurs magazine*, May 2017, p. 66.

Le Bourget RER, une gare « total-flex ». *Le Moniteur*, May 2017.

De verre et de fer : découvrez les futures gares du Grand Paris. *L'OBS*, March 13, 2017.

Visite de François Hollande au Campus Condorcet. *Archimag*, April 20, 2017.

Le Bourget RER, une gare "total-flex". *Le Moniteur*, May 5, 2017.

Livraison d'une bibliothèque bioclimatique pour 2019. *Décideurs Magazine*, May 10, 2017.

Une musée de la Romanité en juin 2018. *7 Officiel*, May 26, 2017.

Découvrez la future gare du Grand Paris «Le Bourget». *Batiactu Hors Série*, May 29, 2017.

Massy: quand la capitale économique de l'Essonne accueille le plus grand chantier de France. *Entreprendre magazine*, June 17, 2017.

Interview Jean-Paul fournier, maire de Nîmes. *Vivre Nîmes*, August 29, 2017.

报纸

Le grand rendez-vous de Longchamp. *Le Figaro*, August 22, 1997.

Autel, croix, calice et ciboire. *Le Figaro*, August 23–24, 1997.

Les célébrations de Longchamp clôturent les Journées de la Jeunesse. *Le Monde*, August 24–25, 1997.

Lemoine, Sophie. Un nouveau matériau pour les créateurs. *Le Figaro*, April 2002.

Centro cultural francês em SC. *Notícias do dia* (Brazil), September 3, 2008, p. 14.

Talarico, Bruna. Largo do Boticário : entre pousadas e centro ecológico. *Jornal do Brasil* (Brazil), October 17, 2008.

Vida nova para o Largo do Boticário. *O Estado de São Paulo* (Brazil), October 22, 2008.

Daruillat, Jean. J'ai gagné mon indépendance grâce à l'architecture. *Le Parisien*, November 3, 2008, p. 5.

Inversão de papéis. *O Globo* (Brazil), November 23, 2008, pp. 1, 2.

Talarico, Bruna. Inspiração francesa na reconstrução de SC. *Jornal do Brasil* (Brazil), February 1, 2009.

Launet, Edouard. Cocteau—Nouveau musée et vieilles querelles. *Libération*, Tuesday, May 31, 2011, pp. 34, 35.

Massy, le nouveau quartier se dessine. *Le Républicain Nord Essonne*, February 23, 2012, p. 12.

Romanité: le musée signé De Portzamparc. *Midi Libre*, April 27, 2012.

Un écrin pour la Romanité. *Midi Libre*, June 2, 2012, p. 4.

Elizabeth de Portzamparc, projetos que ouvem e falam. *Estado de Minas* (Brazil), January 6, 2013, p. 8.

Atelier International du Grand Paris. *Le Parisien*, April 2013.

Arquitetura luta contra a gravidade. Estadão São Paulo (Brazil), no. 9309, December 13, 2013.

Un hôtel classé 5 étoiles dans les vignes à Mutigny. *L'Union*,

February 15, 2014.

Arquitetura feita em camadas. *O Globo* (Brazil), January 11, 2015.

Romanité: le musée va sortir de terre. *Midi Libre*, January 9, 2015.

Une première pierre pour le Musée de la Romanité. *Midi Libre*, May 12, 2015.

La Romanité en fait des tonnes. *Midi Libre*, December 16, 2015.

Le Musée de la Romanité se visite déjà. *Midi Libre*, March 4, 2015.

Entre création contemporaine et patrimoine! *La Marseillaise*, July 23, 2016.

Le nouvel Atlantis sort de terre. *Le Parisien*, September 29, 2016.

Bordeaux, la splendeur du tramway. *Sud Ouest*, May 6, 2017.

Face aux Arènes, on ne pouvait pas avoir un projet discret. *Midi Libre*, May 8, 2017.

Pour l'avenir, Nîmes mise sur le passé. *Midi Libre*, May 9, 2017.

A Nîmes, le Musée de la Romanité se dévoile. *La Tribune*, September 2, 2017.

Souche, Jean-Pierre. Musée de la Romanité : place à l'installation des collections. *Midi Libre*, September 3, 2017.

Pas encore un musée, déjà une oeuvre d'art. *La Marseillaise*, September 4, 2017.

Le Musée de la Romanité n'a plus qu'à se remplir. *La Provence*, September 4, 2017.

广播媒体

Television

Galerie Mostra.

TV news *FR3*, May 12, 1989.

Inauguration of the Bordeaux Tramway. Report (4 min.), TV news *FR 3 Aquitaine*, 2004.

Regard d'Architecte. Documentary film, *TV5*, 2005.

Inauguration of the Museum of Brittany. TV news, *France 2*, March 22,, 2006.

Design Designer. Documentary film, *Teva*, 2006.

Dessine-moi une ville durable. *Neoplanete TV*, 2010.

Bordeaux, Les années culture. Interview, « Les années Miroir », *France 3 Aquitaine*, 2011.

Interview, tribute to Oscar Niemeyer. *I-Télé*, 2012.

Interview, tribute to Oscar Niemeyer. *AFP*, 2012.

Interview, tribute to Oscar Niemeyer. *France 24*, 2012.

Entrée Libre, report on Oscar Niemeyer. *France 5*, 2012.

Interview, tribute to Oscar Niemeyer. *Globo news* (Brazil), 2012.

Là où je t'emmènerai, special edition Brazil. *TF1*, 2014.

Conference - perspectives Pierrevives, Montpellier. Identité urbaine: le « local » et le « global ». 2014, visible on *Dailymotion*.

«Les smartcities», interview. Media supplement Les clés de demain, *Lemonde.fr*, 2015.

Radio

World Youth Days—daily campaign. *France Info*, 1997.

Inauguration of the Bordeaux Tramway—Report. *France Bleu Aquitaine*, 2004.

Interview with Elizabeth de Portzamparc, architect and urbanist. *France Info*, 2008.

La ville de demain. Interview to Patrick Teisson. *Neoplanete radio*, 2010.

La Grande Table with Lucien Clergue, François Chaslin and Elizabeth de Portzamparc. *France Culture*, 2012.

Interview with Elizabeth de Portzamparc—section «Je soutiens Nîmes». *France Bleu Gard-Lozère*, March 2016.

Grand Paris Reportage. *France 3*, March 2016.

致谢

我要将这本书献给克里斯汀、瑟奇、菲利普、布鲁纳、塔、利诺，以及若阿金·波特赞姆巴克。

我要感谢坚持不懈的菲利普·朱迪迪欧，他在2004年首次提议出版我的第一部作品集，但是我没有同意，因为当时觉得时机尚不成熟。我的作品集将主要收录我的建筑设计、室内设计和博物馆志作品。尽管我已经完成了城市建筑波尔多轻轨和魁北克大图书馆等重要项目，但我更愿意等待一个适当的机会来展示我那些未来即将成型的建筑项目。我要感谢视觉出版集团，是它给了我展示各种规模作品的机会。无论是博物馆、城市设计、建筑或室内设计，理解这些引导我设计的重复性概念都是非常重要的。我的耐心和乐观得到了生命的眷顾，使我得以顺利度过近些年的两场严重事故，否则这本书永远不可能出版。我要感谢菲利普对出版商和内容的选择，他在其中展现了其深厚的知识和对我的作品的长期关注。

感谢奥雷利·萨拉辛和普利斯卡·阿德乔曼德，他们汇总了我过去三十年所创作的作品的图纸。这项工作简直不亚于一个考古项目，因为我总是忘记记录自己的图纸和平面图。他们以耐心、毅力和那些恶作剧般的图纸作着斗争，往往在一些极不可能的地方找到它们。

我要衷心感谢所有参与这本书的制作的人，感谢他们反复阅读并提出意见，特别是安东尼奥·多斯桑托斯和盖尔·勒·莫因。特别感谢利奥诺·迪巴伊，是他让书中的图纸、照片和插图更加完美地呈现在读者面前。

我还要感谢该项目的天才平面设计师，包括法布里斯·扎因，以及所有摄影师，包括尼古拉斯·波雷尔和瑟奇·于尔瓦，这部作品集中的许多漂亮照片都出自他们之手。

最后，我要感谢我的团队中的所有成员，他们多年来倾尽全力对我的众多项目做出了贡献。最后，我要特别感谢我忠诚的学生兼合伙人亚历山大·贝莱以及值得信赖的合伙人兼伙伴吉泽尔·格雷夫和安娜–索菲·梅特拉。

伊丽莎白·波特赞姆巴克设计了各种规模的东西，既有她经常佩戴的特别的指环，也有综合功能大厦和火车站。不知何故，就像她的戒指总能适合她的手指，她精心研究的建筑也总能融入它们的所在地，成为其中的一部分。

——菲利普·朱迪迪欧

图片版权信息

作品集中所有照片、图纸、效果图、手绘图的版权信息均已在项目信息中提供。

作品集中大部分照片由伊丽莎白·波特赞姆巴克建筑事务所以及克里斯汀·波特赞姆巴克建筑事务所提供。

另有部分图片由以下单位或人员提供，对此我们深表感谢：

© 罗德摄影工作室

© 若昂·阿塔拉

© 尼古拉斯·伯雷尔 　　　　　© 让–米歇尔·莫丽纳

© 尼古拉斯·比伊松 　　　　　© 史蒂夫·米雷

© 菲斯摄影 　　　　　　　　　© 吉拉姆·洛克莫里

© 古蒂·加鲁加尔 　　　　　　© 施耐德

© 耶斯敏·福尔卡德 　　　　　© 利奥·塞德尔

© A.乔达姆 　　　　　　　　　© 赫维·泰尔尼西安

© 贝松·吉拉尔 　　　　　　　© 瑟奇·于瓦尔

© R.吉列莫特 　　　　　　　　© SNCF/Arep

© 卡马尔·卡尔菲 　　　　　　© 史蒂法纳·拉米伦（尼姆市）

© Kreaction摄影工作室

© 莱姆伯特·雷纳克建筑事务所

项目索引